点と線の数学

グラフ理論と4色問題

瀬山士郎 — 著

技術評論社

まえがき

　多くの皆さんはグラフ理論というと、中学校や高等学校で学ぶ関数のグラフを思い浮かべるのではないかと思います。もちろんそれらも、数学で扱うグラフには違いありませんし、ちょっと変わった関数のグラフを描いてみるのは結構面白い数学的な経験です。関数のグラフは中学生が学ぶ１次関数の直線、２次関数の放物線から始まって、楕円、双曲線などの２次曲線、３次、４次曲線や指数、対数関数、三角関数などの超越関数のグラフへと進んでいきます。少し前までは、手書きで関数のグラフを描くのは結構大変な作業でした。いまは、かなり複雑な関数のグラフでもコンピュータが簡単に描いてくれる時代になりました。それはそれでとてもいいことなのですが、手作業によるグラフ描きも、どこかで一度くらいは体験しておくことも、数学的な経験としては面白いのではないかと思っています。

　ところで、この本で扱うグラフは関数のグラフではありません。数学ではグラフ理論（Graph Theory）というと、１次元トポロジーの一つの話題として出発し、その後独自の進化を遂げた数学の新しい分野をいいます。それは点と線を扱う、一種の幾何学ですが、点と点とのつながり方を考える数学で、組み合わせ数学や有限数学の一つの分野として扱われることもある数学です。

　ミステリファンなら、「点と線」といえば、すぐに思い浮かぶのは松本清張のすでに古典といってもいい、名作探偵小説「点と線」でしょう。この探偵小説では二人の警察官の執念が、犯人と

そのトリックという点を論理の線で結び付けていきます。そんな
探偵小説的な面白さを本書でも味わってもらえると本当に嬉しい
です。ではそのグラフ理論の入り口を紹介して行きましょう。

目次

まえがき	3
第1章　グラフ理論とは	7
1. グラフとは何か ……………………………………………	8
2. 同じグラフ …………………………………………………	16
第2章　グラフの基本定理とハベル・ハキミの定理	21
1. グラフの頂点次数 …………………………………………	22
2. グラフの基本定理 …………………………………………	24
3. グラフの次数列とハベル・ハキミの定理 ……………	26
第3章　オイラーの一筆書き定理	49
1. ケーニヒスベルクの橋の問題 …………………………	50
2. 一筆書きとオイラーの定理 ……………………………	53
3. ハミルトンの問題 …………………………………………	64
第4章　グラフのつながり方　オイラー・ポアンカレの定理	
	73
1. グラフのつながり方 ………………………………………	74
2. オイラー・ポアンカレの定理 …………………………	81
3. ツリーについて ……………………………………………	84

第5章　平面グラフと4色問題　　97

1. 平面グラフ ……………………………………………… 98
2. 頂点の彩色と4色問題 ………………………………… 115

第6章　有向グラフと流れの問題　　127

1. 有向グラフ ……………………………………………… 128
2. 流れの問題 ……………………………………………… 134

終わりに　　152

参考文献　　153

索引　　157

著者プロフィール　　159

第1章
グラフ理論とは

1. グラフとは何か
2. 同じグラフ

8　第 1 章　グラフ理論とは

1　グラフとは何か

　最初に、本書でいうグラフとはなにか、を定義しておきましょう。

● **定義**

　何個か（有限個）の点を何本かの線で結んだ図形をグラフといい、点をグラフの頂点、線をグラフの辺という。グラフを大文字の G や H などで表す。

　要するに、ここでいうグラフとは「網目」のことです。

　いくつかの約束をしておきます。

　点はそこから線が出ていなくても構いません。つまり、点だけで孤立していても大丈夫です。ただし、線の両端はいつでも点になっていないといけません。2 点を結ぶ線は直線でも曲線でもよく、また、一般的には線の両端が同じ点でも構いませんし、2 つの点を複数の線で結んでいても構いません。辺を持たない頂点を孤立頂点、両端が同じ点である辺をループといい、同じ 2 点を結ぶ 2 本以上の辺を多重辺といいます。また、グラフは全体として 1 つながりになっていなくてもよいのですが、この本では特に断らない限り、ループや多重辺を持たず、孤立頂点も持たず一つながりになっているグラフだけを考えていきます。ただし、本当に 1 点だけからなるグラフ！、（これは網目ではありませんが、数学ではこれも特別なグラフと呼びます。）を考えることも

あります。特に議論の途中で、ループ、多重辺を許す場合や一つながりでないグラフを許す場合はそのことを注意することにします。

いくつかグラフの例をあげておきましょう。

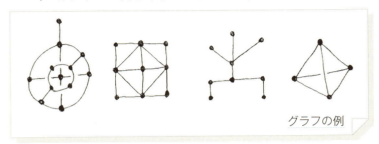

グラフの例

グラフとは以上のような簡単な図形ですが、日常生活の中でも、少し抽象化して考えるとグラフと見なせるものはたくさんあります。いくつか例をあげれば、よく電車の中に貼ってある鉄道路線図は駅を頂点、線路を辺と考えるとグラフと見なすことができます。高速道路網などもインターチェンジを頂点、高速道路を辺と考えれば、1つのグラフです。

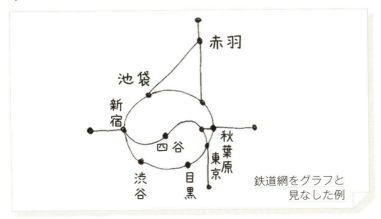

鉄道網をグラフと見なした例

少し変わった例ですと、友人関係なども、それぞれの個人を頂点、知り合いであることを二人を結ぶ辺で表すことにすれば、グラフと考えることができます。いまはインターネット上で、このような個人の友人関係を表すグラフを見ることがあります。この場合は、頂点を結ぶ辺は実際の線としては存在しないわけですが、それを線で表すことによって、抽象的な友人関係を具体的な図で表すことができるのです。(そういえば、「細い赤い糸で結ばれている二人」というロマンチックな表現もありましたね。)

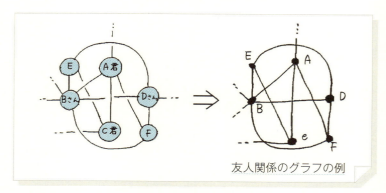

友人関係のグラフの例

このように、グラフはそれ自身は簡単な1次元の図形ですが、様々なものや関係をグラフと見なすことによって、それらの数学的な性質を考えることができるようになります。つまり、物と物との関係を頂点と辺という具体的な図形として表したものがグラフだと考えられます。

グラフを描くにあたって、一つ簡単な注意をしておきます。グラフは平面上になくても構いません。辺を立体交差させることで、どんな複雑なグラフでも空間内には描くことができます。グラフ

1. グラフとは何か

を辺の立体交差なしで平面上に描くことができるかどうか、ということは興味ある問題です。これはあとで4色問題を考えるとき、もう一度考えてみましょう。なお、グラフの頂点は●で表し、立体交差する辺には切れ目を入れて表すと分かりやすいですが、複雑なグラフでは辺に切れ目を入れるとかえって煩雑なので、そのまま描くこともあります。その時は●だけが頂点で、辺と辺の交差点で●が書いてなければ、その辺は交わっていないと考えます。

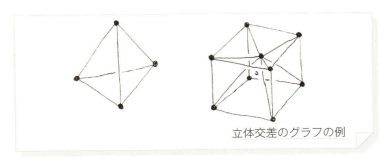

立体交差のグラフの例

図のような四面体の頂点と辺からなるグラフは、四面体の見取り図を描くことによって、空間内のグラフとして表すことができますが、それを平面に描くと立体交差をしているように見えます。ただ、このグラフは描き方を工夫すれば平面上に立体交差なしで表すことができます。

私たちのグラフはループや多重辺を持たないものとしました。(これを単純グラフということもあります) したがって、頂点数が n 個のグラフなら、その辺数の最大値は決まってしまいます。つまり、n 個のものから2個を選ぶ組み合わせの数 $_nC_2 = \dfrac{n(n-1)}{2}$

です。すなわち、すべての異なる頂点が辺で結ばれているグラフです。このグラフを n 次完全グラフといい、K_n と書きます。

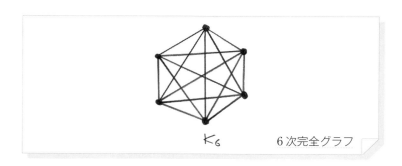

6次完全グラフ

　完全グラフは正多角形のすべての辺と対角線を引いた図形ともいえます。

　次のグラフもよく出てくる大切なグラフです。頂点たちが2組に分かれ、それぞれの組の中の頂点は辺で結ばれていなくて、相手の組のいくつかの頂点、あるいは相手の組のすべての頂点と辺で結ばれているグラフです。これを2部グラフといいます。このとき、1つの組の頂点を●で、もう1つの組の頂点を○で表すと分かりやすいです。

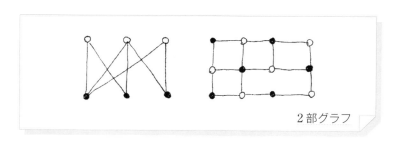

2部グラフ

特に各組の頂点が相手の組のすべての頂点と辺で結ばれているグラフを完全2部グラフといいます。組の頂点数が m, n のとき (m, n) 完全2部グラフといい、$K_{m,n}$ と書きます。頂点は全部で $m+n$ 個、辺は mn 本になります。(m, m) 完全2部グラフを m 次完全2部グラフともいいます。

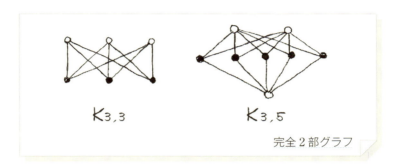

完全2部グラフ

これから使う基本的な用語についてもう少し説明しましょう。

点をグラフの頂点、線をグラフの辺ということはすでに述べました。

2つの頂点を結ぶ辺があるとき、その2つの頂点はつながっている、あるいは隣り合っているといいます。1つの頂点 v から出ている辺の数をその頂点の次数といい、$\deg v$ という記号で表します。したがって孤立頂点 v の次数は、$\deg v = 0$ です。また、完全グラフ K_n ならすべての頂点 v の次数は一定で $\deg v = n-1$ です。次数が偶数の頂点を偶頂点、奇数の頂点を奇頂点といいます。

14 | 第 1 章 グラフ理論とは

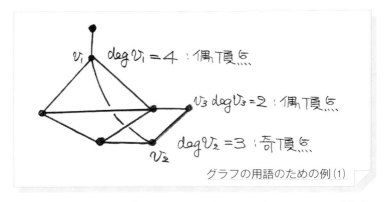

グラフの用語のための例(1)

　グラフ G のある頂点を出発し、順に辺で結ばれている頂点をたどっていく、頂点ー辺ー頂点ー辺 … ー辺ー頂点という一つながりを路（みち）といいます。途中で同じ頂点を通過しても構いませんが、同じ辺は通らないとします。

　路の出発点となる頂点を始点、終わりとなる頂点を終点と呼ぶことにします。始点と終点を合わせて、路の端点といいます。

　グラフ G の任意の 2 つの頂点を結ぶ路が存在する時、グラフ G は連結であるといいます。つまり、これが前にお話ししたグラフ G が全体として一つながりになっているということの数学的な定義です。これからは連結なグラフだけを考えていきますので、とくに必要がある場合を除いて、連結とは断りません。

　始点と終点が同じ路、つまり、ぐるっと周回して出発点に戻ってくる路を閉路といいます。閉路の中には同じ頂点が含まれていても構いません。とくにすべての頂点が異なる閉路を本書では回路と呼びます。（路、閉路、回路などの用語は解説書によって微妙に違うことがあるので注意してください。）

1. グラフとは何か 15

いくつか例を紹介します。

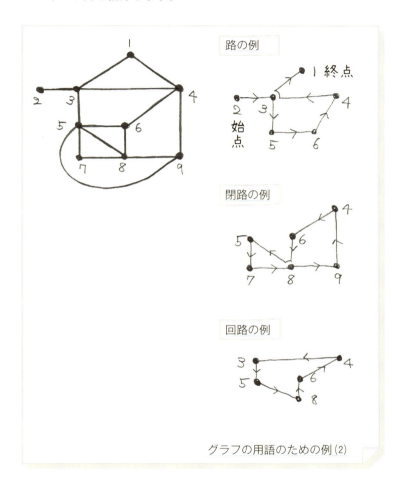

グラフの用語のための例(2)

16 第 1 章 グラフ理論とは

2 同じグラフ

　有限個の点を有限本の線で結んだ図形がグラフですが、グラフ
理論では、普通は辺の長さや形（直線か曲線か）、あるいは立体
交差するかしないかなどは問題にせず、どの二つの頂点が辺で結
ばれているかいないかだけを問題にします。そのため、グラフの
見かけの形は違っていても、実は同じグラフを表しているという
ことが起こります。それをはっきりさせるために、グラフが同じ
であるということをきちんと決めておきましょう。

● 定義

　2 つのグラフ、G, H について、G と H の頂点が 1 つず
つ対応していて、G の 2 つの頂点が辺で結ばれていれば、H
の対応する 2 つの頂点が辺で結ばれているし、逆も成り立つ
とき、2 つのグラフ G と H は同型であるといい、

$$G \cong H$$

と書く。

　頂点の対応をはっきりさせたいときは、頂点に番号などをつけ
て表すといいでしょう。あるいは、グラフの図を頂点と辺のつな
がり方を変えずに変形し、同じグラフにするという方法もあります。
　具体的な同型のグラフをいくつか紹介します。

同型な正四面体グラフのいくつかの例

　この例のような場合は同型であることは少し考えると分かりますが、次の例はちょっと見ると同型に見えません。頂点の対応を調べて、同型であることを確認してください。

同型な7頂点グラフの例

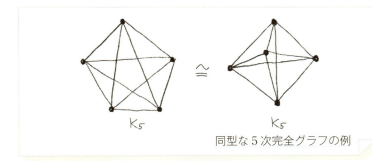

同型な5次完全グラフの例

第1章 グラフ理論とは

簡単なグラフについては、同型であることは実際にグラフをいろいろと描いてみれば分かる場合が多いです。ただ、前の例のように、ちょっと見ると全く違うグラフに見える場合もあるので、そのようなときは、きちんと頂点の対応を調べることが必要です。この例の場合は、2つの回路が入れ替わっている、あるいはすべての頂点が辺でつながっていると考えると分かりやすいです。

もう2つ面白い例をあげましょう。1つはペテルセングラフという大切なグラフで、もう1つは3次完全2部グラフ $K_{3,3}$ です。次のグラフは同型です。

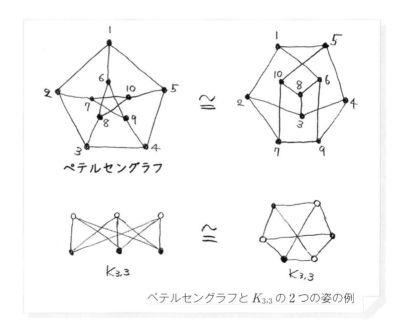

ペテルセングラフと $K_{3,3}$ の2つの姿の例

この例のように、頂点に番号をつけて対応関係を見つけること

2. 同じグラフ　19

もできますが、ここでは片方のグラフをうまく変形して、もう片方のグラフに直してみましょう。

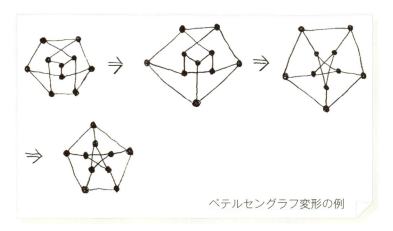

ペテルセングラフ変形の例

図をよく見て、どんな変形をしているのかを確認してください。

以上で、本書で扱うグラフについての、基本的な用語の解説はおしまいです。以下の章で、具体的なグラフの性質を調べていきましょう。

第 2 章

グラフの基本定理と
　　ハベル・ハキミの定理

1. グラフの頂点次数
2. グラフの基本定理
3. グラフの次数列と
　　ハベル・ハキミの定理

1 グラフの頂点次数

グラフ理論で一番基礎となるのは頂点の次数 $\deg v$ を数えてみることです。以下のグラフで頂点の次数がどうなっているのか、数えてみましょう。

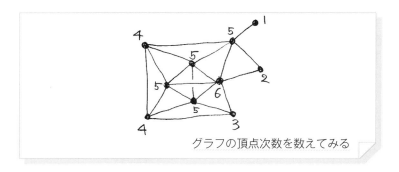

グラフの頂点次数を数えてみる

大きなグラフでは頂点の次数を数えるのは大変ですが、ここにあげたようなグラフなら、それぞれの頂点次数を数えるのは簡単でしょう。

私たちは一つながりになっているグラフだけを考えることにしたので、ただ1つの孤立頂点だけからなるグラフ（要するにただの点ですね）を除いて、1本以上の辺を持つグラフの頂点次数が0になることはありません。2つ以上の頂点を持つグラフの各頂点からは、少なくとも1本の辺が出ていて、頂点次数は最低でも1です。

すべての頂点次数が1のグラフはあるでしょうか。あまり考

えすぎずに実際に図を描いてみると、こんなグラフであることがすぐに分かります。連結であることを保ったまま、これ以上次数1の頂点を増やすことはできません。増やそうとすれば、どちらかの端の頂点次数は2以上になってしまうか、あるいは連結でなくなってしまいます。

すべての頂点次数が1のグラフ

ではすべての頂点次数が2であるようなグラフは描けるでしょうか。これも易しいですね。ぐるっと一回りになっているグラフはすべての頂点次数が2です。子どもたちが手をつなぎ合って輪になっているグラフです。

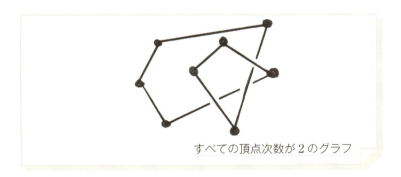

すべての頂点次数が2のグラフ

頂点の数が n 個で、すべての頂点の次数が等しく $n-1$ であるグラフを n 次完全グラフといい、K_n と書くことはすでに紹介しました。次は3次完全グラフ K_3 と4次完全グラフ K_4 の例です。

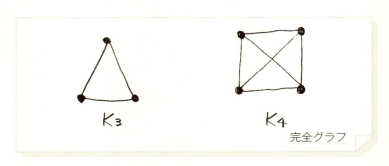

完全グラフ

2　グラフの基本定理

さて、グラフの頂点次数について一番基本的な定理は次の定理です。

定理

グラフ G の頂点を $v_1, v_2, \cdots, v_n$ とし、G が b 本の辺を持つとする。このとき

$$\sum_{i=1}^{n} \deg v_i = \deg v_1 + \deg v_2 + \cdots + \deg v_n = 2b$$

が成り立つ。すなわち、頂点次数の総和は辺数の2倍に等しい。

2. グラフの基本定理

▶ 証明

すべての頂点を小さな円で囲み、そこから出ている辺に印をつけて頂点次数を数えたしていく。このとき、すぐに分かるように、辺の両端は必ず頂点だから、数え終わった時には、すべての辺に2度印がつけられる。したがって、頂点次数の総和は辺数の2倍になる。

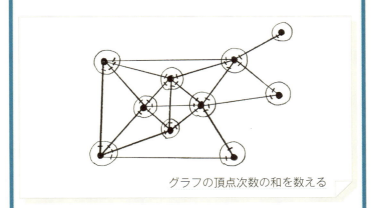

グラフの頂点次数の和を数える

証明終

この定理から、グラフ G の奇頂点は必ず偶数個であることが分かります。すなわち、奇数の奇数個の和は奇数で、奇数と偶数をたせば必ず奇数になるので、グラフ G は奇数個の奇頂点を持つことができないのです。奇頂点の数が $2n$ 個のグラフを描くことは簡単です。

すなわち、n 個の頂点次数がすべて2のぐるっと一回りのグラフを2つ描きそれを上下につなぎます。

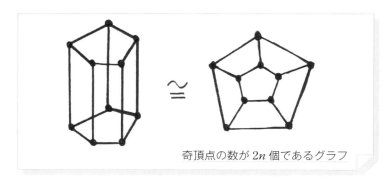

奇頂点の数が $2n$ 個であるグラフ

3 グラフの次数列とハベル・ハキミの定理

　グラフ G の頂点次数を大きいものから並べた（有限）数列をグラフ G の頂点次数列（略して次数列）といいます。次数列を

$$D = (d_1, d_2, d_3, \cdots, d_n) \quad d_1 \geqq d_2 \geqq d_3 \geqq \cdots \geqq d_n \geqq 0$$

と書くことにしましょう。n がこのグラフの頂点の個数です。ただし、$d_1 = 0$ である次数列は $D = (0, 0, 0, \cdots, 0)$ ですが、これはグラフとしては n 個の孤立頂点だけからなるグラフです。ですから連結グラフだけを考えると、孤立頂点は1つしか持てないので、次数列は

$$D = (0)$$

しかありません。これからは特別な場合を除いて、$d_n \geqq 1$ と考えます。

> 注　$D = (d_1, d_2, d_3, \cdots, d_n)$ がグラフ G の次数列なら、これらの数字をランダムに並べ替えた数列も G の頂点次数を表す数を並べた数列です。したがって、次数を大小の順番に並べておくというのは、ある種の標準形ということです。標準形にしておく利点はすぐに分かります。

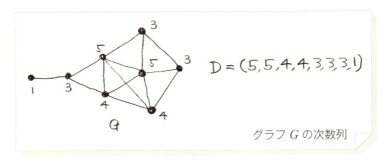

グラフ G の次数列

　グラフ G からその次数列を作るのは簡単（もちろん、大きなグラフでは次数を数えるのは大変です）ですが、逆にある数列が与えられたとき、その数列を次数列に持つようなグラフが存在するでしょうか。これはなかなか面白い問題です。

　次のような次数列を持つグラフは存在するでしょうか。

1. $D = (3, 3, 3, 3, 3)$

　奇頂点の数が奇数（5個）なので、このような次数列を持つグラフは存在しません。

2. $D = (6, 2, 2, 2, 2)$

この数列の最大数は6ですが、ここには5個しか数字がありません。頂点次数6の頂点が存在するためには、自分自身を除いて少なくとも6個の頂点が必要です。したがって、この場合もこのような次数列を持つグラフは存在しません。

3. $D = (6, 3, 3, 3, 3, 3, 3)$

少し考えると、この列は次のグラフの次数列になっていることが分かります。

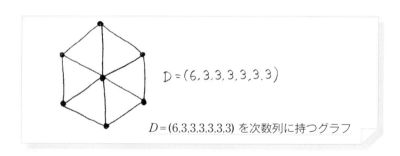

$D = (6,3,3,3,3,3,3)$ を次数列に持つグラフ

今までに考えてきたことから、次のことは簡単に分かります。

1. $D = (d_1, d_2, d_3, \cdots, d_n)$ $d_1 \geqq d_2 \geqq d_3 \geqq \cdots \geqq d_n \geqq 1$ を数列とするとき

$$\sum_{i=1}^{n} d_i = d_1 + d_2 + d_3 + \cdots + d_n$$

が奇数となるものはグラフの次数列にならない。

これは基本定理からすぐに分かります。

2. $D = (d_1, d_2, d_3, \cdots, d_n)$ $d_1 \geqq d_2 \geqq d_3 \geqq \cdots \geqq d_n \geqq 1$ を数列とするとき

$$d_1 \geqq n$$

となるものはグラフの次数列にならない。

頂点次数が d_1 である頂点は $d_1 (\geqq n)$ 個の頂点と辺で結ばれる必要がありますが、自分自身を除いて残っている頂点は $n-1$ 個しかありません。

3. 2 から直ちに、$D = (d_1, d_2, d_3, \cdots, d_n)$ $d_1 \geqq d_2 \geqq d_3 \geqq \cdots \geqq d_n \geqq 1$ の d_i がすべて異なっている時は、この数の列はグラフの次数列にならないことが分かります。なぜならば、2 から $d_1 \leqq n-1$ ですが、d_1 から d_n まで数は全部で n 個あるので、必ず同じ数を含んでいなければなりません。したがって

$$D = (6, 5, 4, 3, 2, 1), \quad D = (7, 6, 5, 4, 3)$$

のような数列はグラフの次数列にはなりません。つまり、すべての頂点次数が異なっているようなグラフは存在しません。

次の例はどうでしょうか。

$$D = (6,2,2,2,2,2,2)$$

　最大数は6、数字の個数は7ですから、今度は次数列となる可能性があります。少し試してみると、次のようなグラフが見つかります。

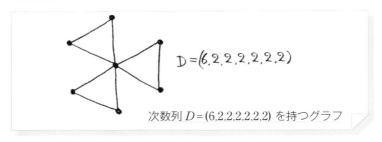

次数列 $D=(6,2,2,2,2,2,2)$ を持つグラフ

$$D = (4,3,3,3,3,2,2,2,2)$$

　今度も最大数は4、数字の個数は9ですから、グラフの次数列となる可能性があります。こんな時は、とにかく次数4の頂点を十字の形に書いてみると、だんだんと形が見えてきます。こんなきれいなグラフが見つかります。

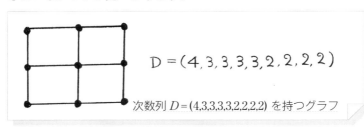

次数列 $D=(4,3,3,3,3,2,2,2,2)$ を持つグラフ

　ある数列がグラフの次数列を表すかどうかについて、次の面白い定理が成り立ちます。

3. グラフの次数列とハベル・ハキミの定理　　31

> **定理（ハベル・ハキミ）**
>
> 数列
>
> $$D = (d_1, d_2, d_3, \cdots, d_n) \quad d_1 \geqq d_2 \geqq d_3 \geqq \cdots \geqq d_n \geqq 1$$
>
> に対して、記号を簡単にするため、$d_1 = m$ とする。
>
> 次のような操作で新しい数の列
>
> $$D_1 = (d_2 - 1, d_3 - 1, \cdots, d_{m+1} - 1, d_{m+2}, \cdots, d_n)$$
>
> を作る。このとき、
>
> D があるグラフの次数列になる
> $\Longleftrightarrow D_1$ があるグラフの次数列になる

　すなわち、ある数列に対して、先頭の $d_1 (= m)$ を取り去り、d_2 から引き続く m 個の数字 $d_2, d_3, \cdots, d_{m+1}$ から 1 を引いた数列を作ります。この新しい数列 D_1 があるグラフの次数列になっていれば、もとの数列 D があるグラフの次数列になっています。

　いくつか注意をしましょう。

　この操作の途中で 0 が出てきたらそれは無視して取り去ってしまいます。この操作を繰り返すと、数列の項の数は最低でも 1 ずつ減っていき（0 になった数は無視するので、一度に何個か減ることもある）最後に $D_k = (0)$ か D_k はこれ以上は操作できない

32　第2章　グラフの基本定理とハベル・ハキミの定理

数の列になりますが、$D_k = (0)$ の場合は孤立頂点が1つのグラフ
なので、元の数の列はあるグラフの次数列になります。また、操
作できなくなった場合の D_k は先頭の数が0を取り去った残りの
項の個数より大きい場合なので、これは前の注意によりグラフの
次数列にはなりません。

証明の前にいくつか例を紹介します。

1.　$D = (6, 6, 5, 5, 3, 3, 2, 2)$

　　　順番に変形していきます。最初の6を取り去り、残りの
　　数6個から1を引きます。

$$D_1 = (5, 4, 4, 2, 2, 1, 2)$$

　　大小の順に並べ替えて、$D_1 = (5, 4, 4, 2, 2, 2, 1)$
　　最初の5を取り去り、残りの数5個から1を引きます。

$$D_2 = (3, 3, 1, 1, 1, 1)$$

　　　大小の順になっているので、最初の3を取り去り、残り
　　の数3個から1を引きます。

$$D_3 = (2, 0, 0, 1, 1)$$

0を除いて $D_3 = (2, 1, 1)$

最初の2を取り去り、残りの数2個から1を引きます。

$$D_4 = (0, 0)$$

0を1つ残して0を除けば

$$D_4 = (0)$$

したがって、最初の数の列 $D = (6, 6, 5, 5, 3, 3, 2, 2)$ はあるグラフの次数列になっています。実際にグラフを復元してみると、下のようになります。

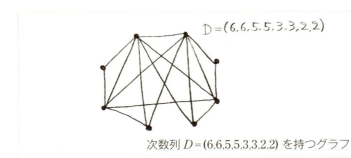

次数列 $D = (6,6,5,5,3,3,2,2)$ を持つグラフ

2. $D = (7, 7, 7, 7, 7, 5, 4, 4)$

順番に変形していきます。最初の7を取り去り、残りの数7個から1を引きます。

34 　第2章　グラフの基本定理とハベル・ハキミの定理

$$D_1 = (6, 6, 6, 6, 4, 3, 3)$$

大小の順になっているので、最初の6を取り去り、残りの数6個から1を引きます。

$$D_2 = (5, 5, 5, 3, 2, 2)$$

大小の順になっているので、最初の5を取り去り、残りの数5個から1を引きます。

$$D_3 = (4, 4, 2, 1, 1)$$

大小の順になっているので、最初の4を取り去り、残りの数4個から1を引きます。

$$D_4 = (3, 1, 0, 0)$$

0を除くと $D_4 = (3, 1)$ ですが、最初の数3が残りの数の個数1個より大きいので、このようなグラフはありません。したがって、最初の数列 $D = (7, 7, 7, 7, 7, 5, 4, 4)$ はグラフの次数列ではなく、このような頂点次数を持つグラフはありません。

3. グラフの次数列とハベル・ハキミの定理　35

3. $D = (6, 6, 5, 5, 4, 4, 3, 3)$

順番に変形していきます。最初の 6 を取り去り、残りの数 6 個から 1 を引きます。

$$D_1 = (5, 4, 4, 3, 3, 2, 3)$$

大小の順に並べ替えて、$D_1 = (5, 4, 4, 3, 3, 3, 2)$

最初の 5 を取り去り、残りの数 5 個から 1 を引きます。

$$D_2 = (3, 3, 2, 2, 2, 2)$$

大小の順になっているので、最初の 3 を取り去り、残りの数 3 個から 1 を引きます。

$$D_3 = (2, 1, 1, 2, 2)$$

大小の順に並べ替えて $D_3 = (2, 2, 2, 1, 1)$

最初の 2 を取り去り、残りの数 2 個から 1 を引きます。

$$D_4 = (1, 1, 1, 1)$$

最初の 1 を取り去り、残りの数 1 個から 1 を引きます。

$$D_5 = (0, 1, 1)$$

36 第2章　グラフの基本定理とハベル・ハキミの定理

0 を除いて、$D_5 = (1 , 1)$

最初の 1 を取り去り、残りの数 1 個から 1 を引きます。

$$D_6 = (0)$$

したがって、今度も最初の数列 $D = (6 , 6 , 5 , 5 , 4 , 4 , 3 , 3)$
もあるグラフの次数列になっています。操作を逆にたどり，
グラフを復元してみます。

前の例では、最高次数の頂点から始めてグラフを復元し
てみましたが、今度はハベル・ハキミの定理の手順を逆にた
どってグラフを復元してみましょう。まず $D_6 = (0)$ なので孤
立頂点を 1 つ取ります。続いて $D_5 = (0 , 1 , 1)$ なので、孤立頂
点 1 個と線分を取ります。$D_4 = (1 , 1 , 1 , 1)$ なので線分が 2 本
に増えます。$D_3 = (2 , 2 , 2 , 1 , 1)$ ですから、片方の線分を残
して、三角形を作ります。ここまでは連結になっていません。
次に $D_2 = (3 , 3 , 2 , 2 , 2 , 2)$ ですが、新しく次数 3 の頂点を取り、
2 本の線を線分とつなぎ、1 本の線で三角形をつなぎます。
これで全体が 1 つの連結グラフになりました。結局、2 つの
三角形をつなぎ合わせたグラフになります。以下同様に新し
い次数が 5 の頂点を付け加え、それぞれの頂点次数が合うよ
うに前のグラフと結んでいくと、グラフが復元できます。

3. グラフの次数列とハベル・ハキミの定理   37

$D_6 = (0)$

$D_5 = (0, 1, 1)$

$D_4 = (1, 1, 1, 1)$

$D_3 = (2, 2, 2, 1, 1)$

$D_2 = (3, 3, 2, 2, 2, 2)$

$D_1 = (5, 4, 4, 3, 3, 3, 2)$

$D = (6, 6, 5, 5, 4, 4, 3, 3)$

次数列 $D = (6,6,5,5,4,4,3,3)$ を持つグラフ

38 | **第 2 章　グラフの基本定理とハベル・ハキミの定理**

4. $D = (8, 8, 6, 6, 6, 4, 3, 3, 1, 1)$

　順番に変形していきます。最初の 8 を取り去り、残りの数
8 個から 1 を引きます。

$$D_1 = (7, 5, 5, 5, 3, 2, 2, 0, 1)$$

0 を取り除いて大小の順に並べます。
$D_1 = (7, 5, 5, 5, 3, 2, 2, 1)$ になります。
最初の 7 を取り去り、残りの数 7 個から 1 を引きます。

$$D_2 = (4, 4, 4, 2, 1, 1, 0)$$

0 を取り除いて大小の順に並べます。$D_2 = (4, 4, 4, 2, 1, 1)$
最初の 4 を取り去り、残りの数 4 個から 1 を引きます。

$$D_3 = (3, 3, 1, 0, 1)$$

0 を除くと、$D_3 = (3, 3, 1, 1)$ となります。
最初の 3 を取り去り、残りの数 3 個から 1 を引きます。

$$D_4 = (2, 0, 0)$$

　0 を取り除くと $D_4 = (2)$ となりますが、次数 2 の頂点を 1
つだけ持つグラフはありません。あるいは、次数 2 の頂点に

3. グラフの次数列とハベル・ハキミの定理　39

　　対して残りの頂点がありません。したがって、このような次
　　数列を持つグラフは存在しません。

　ハベル・ハキミの定理の操作は少し考えてみると、あるグラ
フの最大次数の頂点を探し、その頂点とそれにつながる辺を取り
去る操作に対応していることがわかります。つまり、元がきちん
としたグラフなら、この操作を続けると、最後に孤立頂点だけの
グラフになり、操作の途中で矛盾が出るようなら、もともとがき
ちんとしたグラフではなかったということです。ですから、この
操作はグラフの最大次数の頂点から始めなくても、グラフが与え
られたとき、任意の頂点を外し、それにつながる辺をすべて取り
去るという操作を繰り返せば、最後には辺がすべて取り去られて、
いくつかの孤立頂点が残るということです。グラフが具体的に与
えられていれば、どの頂点とどの頂点がつながっているのかが分
かりますから、この操作でどの頂点の次数が減ったのかが分かる
のです。
　ハベル・ハキミの定理の大切な点は、数字だけではどの頂点
とどの頂点がつながっているのかが分からないにも関わらず、先
頭の頂点が引き続く2番目以下の頂点とつながっていると考えて
操作してもよいという点です。証明の技術的な難しさもそこにあ
りますが、面白い技巧でその点を回避できるのです。では、定理
の証明を紹介しましょう。

40 　第2章　グラフの基本定理とハベル・ハキミの定理

▶ 証明

$\Longleftarrow$

$D_1 = (d_2-1,\ d_3-1,\ \cdots,\ d_{m+1}-1,\ d_{m+2},\ \cdots,\ d_n)$ をグラフの次数列とする。そのグラフを H としよう。$m \geqq d_2$ として証明すれば十分である。新しい頂点 v を取り、頂点次数が $d_2-1,\ d_3-1,\ \cdots,\ d_{m+1}-1$ である m 個の頂点と v を辺で結んだ新しいグラフを G とする。グラフ G の頂点次数列は $D = (m,\ d_2,\ d_3,\ d_4,\ \cdots,\ d_m,\ d_{m+1},\ \cdots,\ d_n)$ となるが、$m = d_1$ だから $D = (d_1,\ d_2,\ d_3,\ \cdots,\ d_n)$ となり、グラフ G は与えられた数列に等しい次数列を持つ。

注　$m < d_2$ の場合は D を大小の順に並べ替えたものがグラフ G の次数列である。

$\Longrightarrow$

逆に、$D = (d_1,\ d_2,\ d_3,\ \cdots,\ d_n)$ をあるグラフ G の頂点次数列とし、$d_1 = m$ とする。この次数に対応する頂点を $v_1,\ v_2,\ v_3,\ \cdots,\ v_m,\ v_{m+1},\ \cdots,\ v_n$ とする。

(1)　頂点 v_1 が引き続く m 個の頂点 $v_2,\ v_3,\ v_4,\ \cdots,\ v_{m+1}$ とすべて辺で結ばれているとき。

頂点 v_1 とそれにつながる辺を G から取り去ったグラフを H とすれば、H の頂点次数列は $(d_2-1,\ d_3-1,\ d_4-1,\ \cdots,\ d_{m+1}-1,\ d_{m+2},\ \cdots,\ d_n)$ だから、数列 $D_1 = (d_2-1,\ d_3-1,\ d_4-1,\ \cdots,\ d_{m+1}-1,\ d_{m+2},\ \cdots,\ d_n)$ はグラフ H の次数列となる。

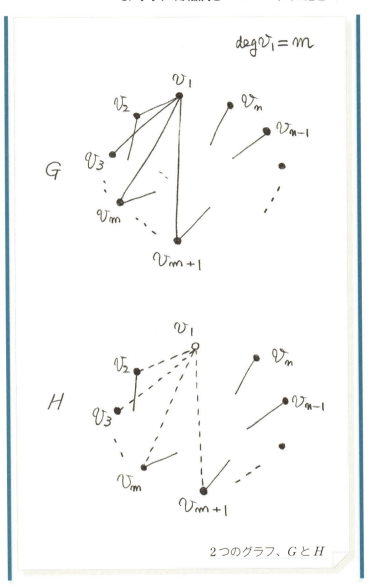

2つのグラフ、G と H

(2) 頂点 v_1 が引き続く m 個の頂点 $v_2, \cdots, v_{m+1}$ のどれかと辺で結ばれていないとき。(存在しない辺、あるいは取り去る辺を破線で表すことにする。)

$v_2, \cdots, v_{m+1}$ の中で v_1 と結ばれていない頂点を v_i とする。このときは、$v_{m+2}, v_{m+3}, \cdots, v_n$ のなかに v_1 と結ばれている頂点 v_j がある。

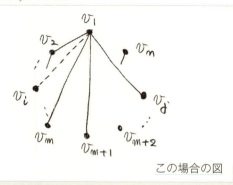

この場合の図

頂点次数は大小の順に並んでいるから、

$$d_i \geqq d_j$$

である。

$d_i = d_j$ なら、頂点 v_i と頂点 v_j を交換すれば(つまり、i 番目の次数 d_i を表す頂点を v_j とし、j 番目の次数 d_j を表す頂点を v_i とし頂点の名前 i, j を変える)、v_1 は頂点 v_i と結ばれるようになる。

3. グラフの次数列とハベル・ハキミの定理

$d_i > d_j$ なら、頂点 v_j と結ばれている頂点は d_j 個で、頂点 v_i と結ばれている頂点は d_i 個だから、頂点 v_i と結ばれているが、頂点 v_j と結ばれていない頂点 v_k がある。

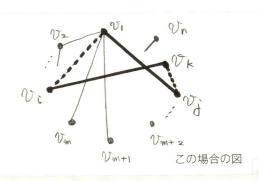

この場合の図

このとき、元のグラフから辺 v_1v_k と v_1v_j を取り去り、新しく辺 v_1v_i と v_jv_k を付け加えて新しいグラフをつくる。つまり、図の実線と点線の辺を入れ替える。

この新しいグラフを H とすれば、グラフ H の頂点次数列は元のグラフ G の頂点次数列 $D = (d_1, d_2, d_3, \cdots, d_n)$ と変わらず、頂点 v_1 は頂点 v_i と結ばれるようになる。

第 2 章　グラフの基本定理とハベル・ハキミの定理

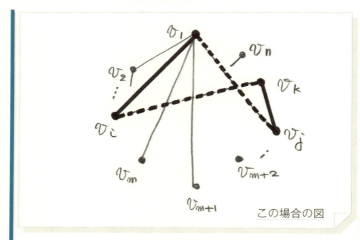

この場合の図

　$v_2, \cdots, v_{m+1}$ の m 個の頂点のなかに、さらに v_1 と結ばれていない頂点があれば、この操作を繰り返すと、最後には頂点 v_1 は $v_2, \cdots, v_{m+1}$ の m 個の頂点すべてと辺で結ばれるようになり、(1)の場合に帰着する。

証明終

　ハベル・ハキミの定理について少し補足説明をしておきましょう。この定理はある数列 $D = (d_1, d_2, d_3, \cdots, d_n)$ があるグラフの次数列になっているかどうかを判定しますが、その次数列を持つグラフが 1 つかどうかは分かりません。実際に、同じ次数列を持つ同型でないグラフが存在します。

3. グラフの次数列とハベル・ハキミの定理

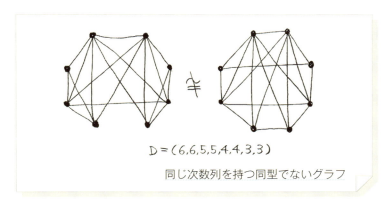

$D = (6,6,5,5,4,4,3,3)$

同じ次数列を持つ同型でないグラフ

また、ハベル・ハキミの定理を使うより有効に、ある数列が次数列になるかどうかを判定できる場合もあります。

例 数列 $D=(n,n,n-1,\ n-1,\cdots,3,3,2,2,1,1)$ を次数列に持つグラフが存在する。

これを数学的帰納法で証明しましょう。

1. $n=1,2$ の場合。

 グラフは次の通りです。

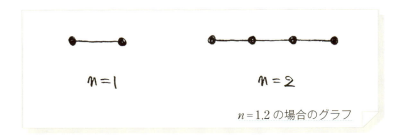

$n=1,2$ の場合のグラフ

第2章 グラフの基本定理とハベル・ハキミの定理

2. n のときグラフが存在すれば $n+2$ のときグラフが存在することを示しましょう。

$D = (n, n, n-1, n-1, \cdots, 2, 2, 1, 1)$ を次数列に持つグラフ G があると仮定します。このとき、頂点を次数の高いものから順番に $v_n, u_n, v_{n-1}, u_{n-1}, \cdots, v_2, u_2, v_1, u_1$ とします。

新しく2つの頂点 v, u をとり、頂点 v を頂点 $v_n, v_{n-1}, \cdots, v_2, v_1$ と、頂点 u を頂点 $u_n, u_{n-1}, \cdots, u_2, u_1$ とつなぎ、さらに v, u をつなぎます。

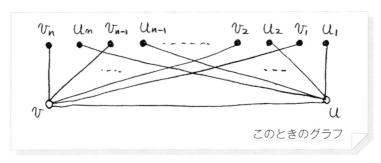

このときのグラフ

このとき、元のグラフ G の頂点の次数は1増えて、$n+1, n+1, n, n, \cdots, 3, 3, 2, 2,$ となり、付け加えた頂点 v, u の次数は $n+1, n+1$ となります。そこで、頂点 v, u にさらに1本辺を加えて、次数1の頂点 x, y を付け足したグラフを H とすれば、H の次数列は

$$D = (n+2, \ n+2, \ n+1, \ n+1, \cdots, 2, 2, 1, 1)$$

3. グラフの次数列とハベル・ハキミの定理

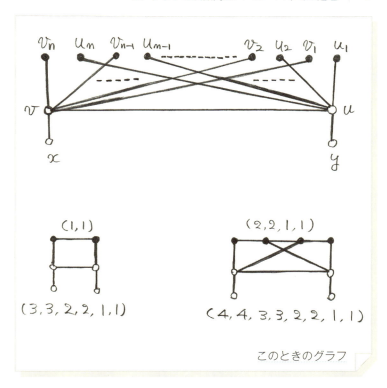

となります。

　したがって、帰納法の出発点を $n=1$, $n=2$ に取っておきましたから、すべての n についてグラフが存在することが分かりました。

　2 ステップで増えていく帰納法の証明を鑑賞してください。

第3章

オイラーの一筆書き定理

1. ケーニヒスベルクの橋の問題

2. 一筆書きとオイラーの定理

3. ハミルトンの問題

1 ケーニヒスベルクの橋の問題

　よく知られているように、グラフ理論の始まりはオイラーによる「ケーニヒスベルクの橋渡りの問題」といわれています。この問題は数学ファンには有名なので、ご存じの方も多いかと思いますが、簡単に説明しましょう。

　ケーニヒスベルク（現在のロシア領カリーニングラード）は大哲学者カントのゆかりの地としてもよく知られています。そのケーニヒスベルクの街の中をプレーゲル川という大きな川が流れています。中州もあるような大きな川です。この川には中州をはさみ7つの橋がかかっていました。

ケーニヒスベルクの橋

　多くの市民がこの橋を渡り散歩を楽しんだのでしょうか。この

とき、次のような問題が提起されました。

問題　「この7つの橋をちょうど一回だけ渡って元に戻ってくるような散歩道はあるだろうか」

　大勢の人が何度も試したのかもしれませんが、どうしてもそのような散歩道を見つけることができませんでした。（というのは想像です。実際は、市民はそんなことは気にせずに気ままな散歩を楽しんだのでしょうね。）

　数学者オイラーはこの問題をグラフの問題ととらえ、そのような散歩道が存在しないことの見事な証明を見つけたのです。

　最初に、このケーニヒスベルクの橋渡りの問題では、橋の長さや材質などはいっさい関係なく、問題となるのはどの岸とどの岸が橋でつながっているか、中の島へはどのように橋がかかっているか、ということだけなのに注意しましょう。要するに、問題となるのは、岸と中の島のつながり方だけなのです。そこですべての岸と中の島を点で表し、それぞれを結ぶ橋を点と点をつなぐ辺として表してみます。すると、ケーニヒスベルクの橋の様子は次のようなグラフで表されることが分かります。

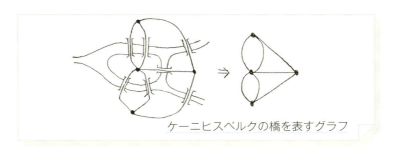

ケーニヒスベルクの橋を表すグラフ

したがって、ケーニヒスベルクの橋渡りの問題は、このグラフのどこかの頂点から出発し、すべての辺を1度だけ通りもとに戻ってくる道があるだろうか、という問題になります。このような問題を日本では昔から「一筆書き」と呼んでいました。つまり、紙の上に描かれた点と線で出来ている図形（つまりグラフ）を、鉛筆を紙から離すことなく一筆で書けるだろうか、という問題です。いくつか問題を出しておきますので、一筆で書けるかどうかを試してみてください。（橋渡りのグラフには多重辺が出てきます。一筆書きの問題では、多重辺はあっても影響がありませんが、気になる場合は、橋の真ん中に休憩所を設け、そこも頂点の1つと考えるといいでしょう。）

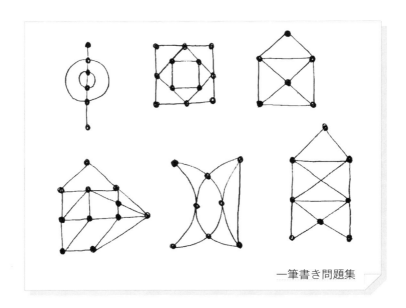

一筆書き問題集

2. 一筆書きとオイラーの定理 　53

　簡単に一筆書きできるグラフもあるし、なかなか書けないグラフもあります。しかし、何回試してもどうしても書けないというのは、このグラフはひょっとして一筆書きできないのではないか、ということの状況証拠にはなりますが、数学的な証明にはならないのはよく知られたことです。以下オイラーにならって、グラフが一筆書きできる条件を求めていきましょう。

2　一筆書きとオイラーの定理

最初に一筆書きの定義を与えておきます。

● 定義

　グラフ G について、そのすべての辺を（ちょうど一度だけ）通る路をオイラー路といい、始点と終点が同じオイラー路をオイラー閉路という。

　オイラー路では、すべての辺はちょうど 1 度だけ通過されますが、頂点は何度通過しても構いません。オイラー路の始点と終点を除く頂点を通過頂点と呼ぶことにします。もちろん始点、終点に何回も出入りすることもあるかもしれませんから、始点、終点が通過頂点を兼ねていることもあります。頂点次数が大きい頂点は、それだけ何度も出入りするわけです。

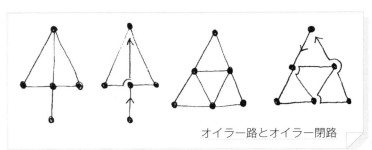

オイラー路とオイラー閉路

　グラフ G がオイラー路を持っているとしましょう。このオイラー路の通過頂点の１つを v とします。v に入ってくる辺がありますが、v は通過頂点ですから、必ず出ていく辺があります。つまり、通過頂点では入ってくる辺が１本あれば、それに対応する出ていく辺が１本あります。したがって、入る辺と出る辺を必ず組にすることができ、v の頂点次数は偶数になります。

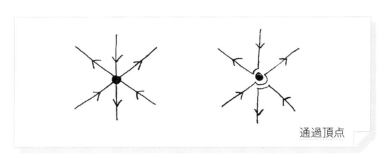

通過頂点

では始点と終点ではどうでしょうか。

　始点では最初に１本の辺をたどって出発した後は、通過頂点と同じことになりますから、始点の頂点次数は奇数になります。同様に、終点では何回か通過された後、最後に１本の辺が入っ

てきて終りになります。したがって終点の頂点次数も奇数になります。もしこのオイラー路がオイラー閉路なら、始点と終点が一致しますから、始点と終点の頂点次数も偶数になります。

ところで、以前調べたように、どんなグラフでも奇頂点の個数は偶数個ですから、まとめると次のことが成り立ちます。

定理

グラフ G がオイラー路を持てば、G の奇頂点の個数は 0 か 2 で、とくに G がオイラー閉路を持てば、G の頂点はすべて偶頂点である。

これがグラフ G がオイラー路、オイラー閉路を持つための必要条件です。

ここで、ケーニヒスベルクの橋渡りのグラフを調べてみると、頂点次数は $(5, 3, 3, 3)$ ですから、すべて奇頂点で、奇頂点が 4 個あることが分かります。したがって、このグラフはオイラー路を持ちません。ですから、ケーニヒスベルクの 7 つの橋をちょうど一度だけ渡る散歩道は存在しないことが分かります。

オイラー路、オイラー閉路は次のように表すと分かりやすいと思います。オイラー路の場合、始点を v、終点を u として v から出発する辺を順に 1 本の路でつなげていきます。この道の途中にはいくつか同じ頂点が出てきますが、それを全部違う頂点のように考えて、1 本の路にしてしまうのです。また、オイラー閉路の場合は $v = u$ ですから、全体が 1 つの円のように表されます。

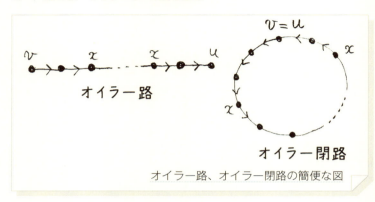

オイラー路、オイラー閉路の簡便な図

ところで、じつはこの条件はグラフがオイラー路、オイラー閉路を持つための十分条件にもなっているのです。次にそれを証明しましょう。

▶ 奇頂点が2個、あるいは0個のグラフ G がオイラー路またはオイラー閉路を持つことの証明。

(1) 奇頂点の個数が0個の場合

G の任意の頂点を v とし、v を始点として、グラフ G の辺をできるだけ(これ以上は進めなくなるところまで)たどっていく。すべての頂点が偶頂点だから、v 以外の頂点ではそこに入ると必ず出ることができる。したがってこの路は必ず v で終わる。この閉路を C_1 としよう。G から C_1 の辺をすべて取り去ったグラフを G_1 とする。(G_1 が

2. 一筆書きとオイラーの定理   57

連結でなくなることもありますが、それでも構いません。
その時は、一つながりになっている部分を G_1 とします。)

　路 C_1 に現れる頂点の次数はすべて偶数だから、グラフ G_1 の頂点の次数もすべて偶数である。もし路 C_1 がグラフ G のすべての辺を通り尽くしているなら、すなわちグラフ G_1 が空集合なら C_1 が求めるオイラー閉路である。

　G_1 にまだ辺が残っている時、G と G_1 の共通の頂点の 1 つを v_1 とし、v_1 を始点として、同様に G_1 の辺をできる限りたどる路 C_2 をつくる。前と同様に、この路は必ず頂点 v_1 で終わる。もしこの路 C_2 が G_1 の辺をすべて通り尽くしているなら、次のようにして新しい路 G_2 をつくる。

　すなわち、v から出発し、C_1 の路をたどり、頂点 v_1 にぶつかったら路 C_2 に乗り換えて C_2 の路をたどる。この路は頂点 v_1 で終わるから、ここから再び路 C_1 に戻って、C_1 をたどる。こうしてグラフ G の閉路が得られる。もしこの閉路 C_2 がグラフ G_1 のすべての辺を通り尽くしていないなら、グラフ G_1 から路 C_2 の辺をすべて取り去ったグラフを G_2 とする。

　G_2 について同じ操作を繰り返すと、G の辺は有限だから、最後にはグラフ G のすべての辺を通るオイラー閉路が得られる。

　図で説明しましょう。

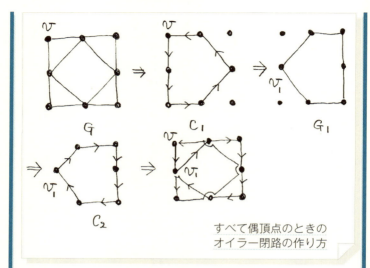

すべて偶頂点のときの
オイラー閉路の作り方

(2) 奇頂点の個数が2個の場合

　グラフ G の奇頂点を v, u とする。

　v, u を新しい辺 l で結んだグラフを G' とする。G' のすべての頂点は偶頂点だから、(1) により G' はオイラー閉路 C を持つ。この閉路の中には辺 l が一度だけ現れる。l の端点は v と u である。オイラー閉路 C から辺 l を取り去ると、頂点 v, u を始点と終点とするグラフ G のオイラー路が得られる。

2. 一筆書きとオイラーの定理

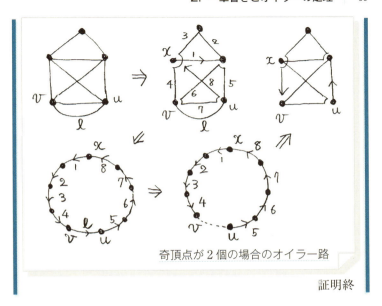

奇頂点が2個の場合のオイラー路

証明終

　以上でグラフ G がオイラー路、オイラー閉路を持つための必要十分条件の証明が終わりました。定理としてまとめておきましょう。

定理（オイラー）

　グラフ G がオイラー路、オイラー閉路を持つための必要十分条件は G の奇頂点の個数が0または2で、奇頂点が0個の場合はオイラー閉路を持つ。

　また、この証明を検討してみれば、奇頂点が1つもないグラフは、どの頂点から書き始めても必ず一筆書きができ、奇頂点が

2 個のグラフでは、1 つの奇頂点から始めて、もう 1 つの奇頂点で終わる一筆書きが可能なことも分かります。

これで、オイラーの一筆書き定理は綺麗な結論が得られましたが、では奇頂点の個数が 4 以上のグラフについて、何かいえることはないでしょうか。奇頂点を 4 個以上持っているグラフは一筆書きはできません。試しに奇頂点が 4 個や 6 個のグラフで考えてみます。

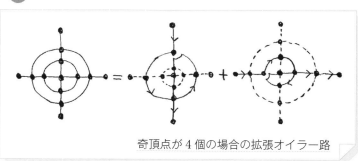

奇頂点が 4 個の場合の拡張オイラー路

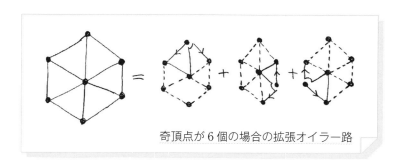

奇頂点が 6 個の場合の拡張オイラー路

どうやら 2 筆書きや 3 筆書きができそうです。

一般に次の定理が成り立ちます。

定理（オイラーの定理の一般化）

奇頂点を $2n$ 個持つグラフ G は n 筆書き可能である。

▶ **証明**

グラフ G の奇頂点を $v_1, u_1, v_2, u_2, \cdots, v_n, u_n$ とする。この奇頂点を2個ずつペアにしたものを $(v_1, u_1), (v_2, u_2), \cdots, (v_n, u_n)$ とし、ペア (v_i, u_i) を新しい辺 $l_i, (i = 1, 2, \cdots, n)$ で結んだグラフを H とする。（辺は立体交差して構いません）

グラフ H は奇頂点を持たないから、一筆書き定理により、一筆で書ける。このオイラー閉路を前の表記に従って次の図で表す。

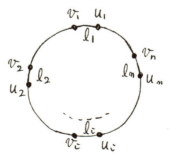

グラフ H のオイラー閉路の模式図

この回路の中には n 本の辺 $l_1, l_2, \cdots, l_n$ が含まれている。

この n 本の辺を図から取り去ると、n 個の路が得られる。

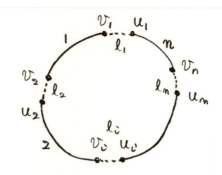

グラフ H のオイラー閉路から辺を取り除いた模式図

これらの路は求めるグラフ G の n 筆書きである。

証明終

このグラフが $(n-1)$ 筆書きできないことは次のようにして分かります。

もし G が $(n-1)$ 筆書きできたとすると、それぞれの路はある奇頂点と他の奇頂点を結んでいるはずですが、奇頂点は $2n$ 個あるので、残り 2 個の奇頂点はどの路にも属することはできません。

ところで、一筆書きの問題をもうすこし別の形で考えたらどうなるでしょうか。

問題 グラフの辺をちょうど 2 回だけ通過する拡張された閉路は存在するだろうか？

2. 一筆書きとオイラーの定理

これはちょっと見ると、一筆書き問題の当然の拡張のように見えます。閉路で一筆書きできるグラフなら、いったん出発点に戻って、もう一度周回すればいいでしょう。始点と終点がある一筆書きなら、一度始点から終点に向かって路をたどり、次に逆向きに終点から始点まで同じ路を戻ってくれば、すべての辺を2回通過する（拡張された意味での）閉路になります。

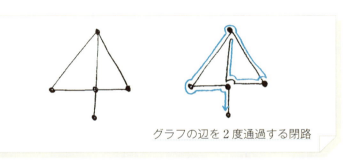

グラフの辺を2度通過する閉路

ところが、この問題は少し考えてみると、ある意味ばかばかしい問題なのです。

定理

任意のグラフ G について、その辺をちょうど2回通過する閉路が存在する。

証明

グラフの辺を2回通過するということは、すべての辺を複線化することになる。G の辺を複線化したグラフを G' とすれば、このとき、グラフ G' の頂点次数は対応する G

の頂点の次数の2倍で偶数である。したがって、G'の任意の頂点から出発するG'のオイラー閉路が存在し、これは求めるGの辺をちょうど2回通過するGの回路である。

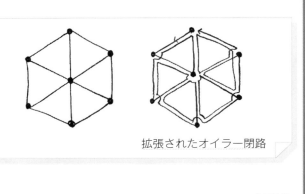

拡張されたオイラー閉路

証明終

以上で一筆書きについての考察は終わります。

3 ハミルトンの問題

一筆書きはグラフのすべての辺を1回通過する路や閉路があるか、という問題でした。同じようなことは頂点についても考えられます。

つまり、グラフGが与えられたとき、そのすべての頂点を通過する路があるだろうか、という問題です。この問題の場合は、通らない辺があるかもしれません。

● 定義

　グラフ G のすべての頂点をちょうど一回だけ通過する路をハミルトン路といい、最後に出発点に戻ってくるハミルトン路をハミルトン回路という。（この場合、頂点はすべて異なるので、この閉路は回路です。ただし、始点と終点が同じなので、そこだけは 2 回通ることになります。）

　この問題はあるパズルとして売り出されたことで有名です。

　正 12 面体の頂点と辺をグラフと考え、各頂点を都市と考えます。ある都市から出発してすべての都市を 1 度だけ訪問して帰ってくるツアー旅行があるだろうか。このパズルを考案したのは四元数で有名な数学者ハミルトンで、その名をとって、グラフの各頂点をちょうど一度通過する路をハミルトン路（ハミルトン回路）というのです。

　このパズルの解は、正 12 面体の頂点と辺が作るグラフを平面上に表して考えると、容易に答えが見つかります。

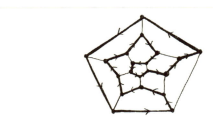

正 12 面体グラフのハミルトン閉路

　じつはこのパズルは残念ながらあまり売れなかったという話

があるようです。パズルとしては少し易しすぎるからでしょうか。もっとも、パズルの難しさは人によって様々なので、ハミルトン・パズルが難しいと感じる人もいるでしょう。

　あるグラフがハミルトン路を持つかどうかは、結局、グラフの頂点の個数に対して、グラフの辺の本数が十分にたくさんあるかどうかによります。ただし、ただ1本の直線からなるグラフやぐるっと一回りするグラフは、頂点の数に対して辺の数は同数、あるいは1本少なくなりますが、ハミルトン路（回路）を持ちます。n頂点のグラフで一番辺の数が多いのは、n次完全グラフですが、n次完全グラフがハミルトン回路を持つことは明らかでしょう。

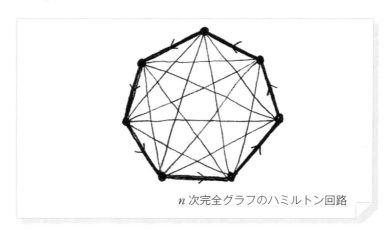

n次完全グラフのハミルトン回路

　ところで、グラフGがオイラー路（オイラー閉路）を持つかどうかは、前に証明したような綺麗な定理で判定できますが、グラフGがハミルトン路（ハミルトン回路）を持つかどうかの綺

麗な判定方法は分かっていません。ここでは具体的なグラフについて、ハミルトン路（ハミルトン回路）があるかどうかを調べてみます。

次のグラフはハミルトン路を持つでしょうか。

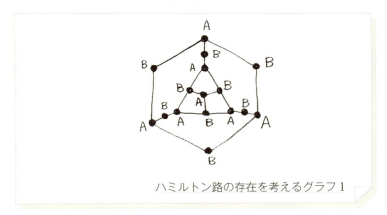

ハミルトン路の存在を考えるグラフ1

このグラフの頂点に図のようにA，Bを割り振ってみます。AとA、BとBは辺で結ばれていません。したがって、このグラフのハミルトン路は、あるとすれば、$A-B-A-B-\cdots$とA，Bが交互に出てくるはずですが、A頂点は7個、B頂点は9個あり、A，Bを交互に並べることはできません。したがって、このグラフはハミルトン路を持ちません。

このように、グラフの頂点に2種類の記号を割り振って、同じ記号同士は辺でつながっていないが、違う記号同士が辺でつながっているようにするというアイデアは、ハミルトン路の問題だけでなく、いろいろな問題に応用が利きます。

第３章　オイラーの一筆書き定理

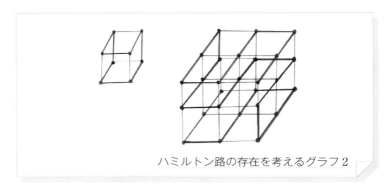

ハミルトン路の存在を考えるグラフ２

これは立体格子です。$n=2$ の場合はハミルトン回路を持ち、$n=3$ の場合は図のように、各階ごとにすべての点を通って次の階に移れば、ハミルトン路を持つことが分かります。

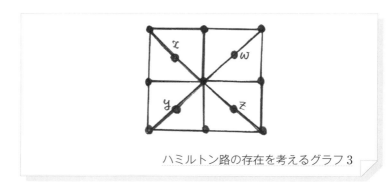

ハミルトン路の存在を考えるグラフ３

このグラフは中心の頂点が８本の辺を持っていますが、ハミルトン路（回路）の中で使えるのは２本だけです。したがって６本の辺は使えません。さらに４隅の頂点の、12本の辺のうち使えるのは８本で４本の辺は使えません。したがって、合わせて10本の辺がハミルトン路では使えません。ところが、このグラ

3. ハミルトンの問題 | 69

フは 20 本の辺と 13 個の頂点を持ち、ハミルトン路は 12 本の辺
を持たなければならないので、このグラフはハミルトン路を持ち
ません。

ハミルトン路（回路）は頂点の数に対して辺の数が十分に多
くないと存在しないといいましたが、辺の多さについては、次の
定理が知られています。

> **定理（オア）**
>
> n 個の頂点を持つグラフを G とする（$n \geqq 3$）。G の任意
> の 2 つの頂点 v, u について
>
> $$\deg v + \deg u \geqq n$$
>
> なら G はハミルトン回路を持つ。

▶ **証明**

G が p 本の辺を持つとし、G に q 本の辺を付け加えて、
n 次完全グラフ K_n をつくる。（$q = {}_nC_2 - p$ である）

元のグラフ G の辺を赤辺と呼び、r_1, r_2, $r_3 \cdots$, r_p、付け
加えた辺を青辺と呼び、b_1, b_2, b_3, $\cdots$, b_q とする。

完全グラフ K_n はハミルトン回路 H を持つ。

このハミルトン回路 H の辺がすべて赤辺なら、H が求め
る G のハミルトン回路である。

70   第3章　オイラーの一筆書き定理

　H の中に青辺があるとき、その青辺を vu とし、H から辺 vu を取り去る。残った H の辺は v から u に向かうハミルトン路である。

　u と赤辺で結ばれている頂点を順に u_1, u_2, u_3, $\cdots$, u_x とする。このとき、$x \geqq 2$ であることに注意しよう。

　なぜなら、もし u が赤辺を1本しか持っていないと、v の赤辺は最大でも $n-2$ 本だから、G において、

$$\deg v + \deg u \leqq (n-2)+1 = n-1$$

となり仮定に反する。

　v, u を結ぶハミルトン路上で、頂点 u_i の右隣の頂点を v_i とする。($v_i = u_{i+1}$ でもよい。)

　このとき、x 本の辺 vv_1, vv_2, vv_3, $\cdots$, vv_x の中には必ず赤辺がある。

　なぜなら、もし、これらの辺がすべて青辺だったとすると、G において、

$$\deg v \leqq (n-1)-x$$

だから

$$\deg v + \deg u \leqq (n-1)-x+x = n-1$$

となり仮定に反する。

その赤辺を vv_i とする。

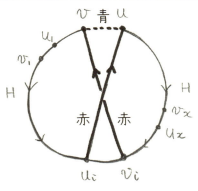

ハミルトン回路のつくりかえ

ここで、ハミルトン路を次のようにつくりかえる。

$$v \xrightarrow{Hの辺} u_i \longrightarrow u \xrightarrow{Hの辺} v_i \longrightarrow v$$

ただし、$v \longrightarrow u_i$ は元のハミルトン路 H の辺をたどり、$u \longrightarrow v_i$ は元のハミルトン路 H の辺を逆向きにたどる。

このハミルトン回路は元のハミルトン路より青辺が1本少なく、赤辺が2本増えている。

この K_n の新しいハミルトン回路にまだ青辺が残っていれば同じことを繰り返す。最終的に、すべて赤辺からなる K_n のハミルトン回路、すなわち、G のハミルトン回路が得られる。

証明終

第3章 オイラーの一筆書き定理

以上でオイラー路、ハミルトン路についての考察を終わります。

次章でグラフのつながり方をもう少し詳しく考えてみましょう。

第4章

グラフのつながり方
オイラー・ポアンカレの定理

1. グラフのつながり方
2. オイラー・ポアンカレ の定理
3. ツリーについて

1 グラフのつながり方

私たちは一つながりになったグラフを考えてきましたが、一つながりといってもそのつながり方は様々です。いくつかの例を見ましょう。

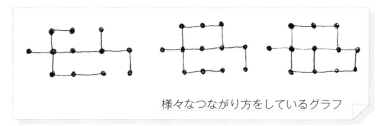

様々なつながり方をしているグラフ

最初のグラフではどの辺でも、その辺を取り去ってしまうとグラフは2つのグラフになってしまいます。しかし、後のグラフではうまく辺を選ぶと、その辺を取り去ってもグラフは2つにはならず、一つながりになっています。これを考慮して、グラフの切断数を定義します。

● 定義

グラフ G において、a 本の辺をうまく選んで取り去っても G は2つにならないが、$a+1$ 本の辺をどう選んでも、それを取り去るとグラフ G が2つに分かれてしまうとき、グラフ G の切断数は a であるといい、$p_1(G)=a$ と書く。とくに切断数 $p_1(G)=0$ のグラフをツリーという。

ツリーとはどの辺でも1本取り去ってしまうと2つにバラバラになってしまうグラフです。

切断数をグラフ G の1次元ベッチ数ともいいますが、本書では切断数と呼ぶことにします。

この定義で「辺をうまく選べば」というのは少し曖昧ですが、次の図で感じを掴んでください。

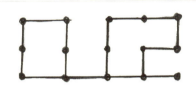

切断数が2だが、辺の選び方を間違えると、
2つに分かれてしまうグラフ

少し考えてみると分かりますが、切断数とはそのグラフの中に一回りする閉路がいくつあるのかを数えていることになります。切断数が大きいグラフほど複雑につながっていると考えられます。いくつかのグラフについて、その切断数を数えてみましょう。

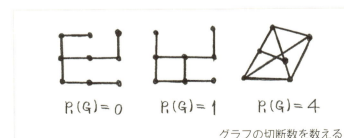

グラフの切断数を数える

76 | 第4章 グラフのつながり方 オイラー・ポアンカレの定理

グラフの切断数とグラフの頂点や辺の数は密接に関係しています。大雑把にいえば、頂点の個数に対して辺の本数が多ければ、グラフは複雑になっていると考えられます。それを数値として表すのがオイラー・ポアンカレの定理です。これから順にそれを調べていきましょう。

最初に切断数が0のグラフ、ツリーについて考えます。このとき次の定理が成り立ちます。

定理

G をツリー（切断数が0のグラフ）とする。G の頂点の個数を a、辺の本数を b とすると

$$a - b = 1$$

が成り立つ。

証明

G の辺の本数 b についての帰納法で証明する。

(1) $b=0$ のとき。

このときはグラフ G はただ1個の点からなるグラフで（グラフはつながっているので）$a=1$ である。したがって

$$a - b = 1 - 0 = 1$$

で定理は成り立つ。

(注) 辺が 0 本というのが気になるかもしれません。

$b=1$ の場合から始めると、グラフは

辺が 1 本のツリー

しかないので、この場合でも $a-b=2-1=1$ で定理は成り立ちます。

(2) $b=n$ まで定理が成り立っていると仮定して、$b=n+1$ のとき。

グラフ G から任意の 1 本の辺を取り去る。G の切断数は 0 だから、G は 2 つのグラフ G_1 と G_2 に分かれる。グラフ G_1 の頂点数を a_1、辺数を b_1、また、グラフ G_2 の頂点数を a_2、辺数を b_2 とする。

グラフ G_1, G_2 の切断数は 0 で、

$$b_1 \leq n, \ b_2 \leq n$$

だから、帰納法の仮定により

$$a_1 - b_1 = 1, \ a_2 - b_2 = 1$$

である。この2つの式を辺々加えると

$$(a_1 + a_2) - (b_1 + b_2) = 2$$

だが、頂点数は減っていなくて、辺数は1本減っているのだから

$$a_1 + a_2 = a, \quad b_1 + b_2 = b - 1 = n$$

したがって、$a - n = 2$ より

$$a - (n + 1) = 1$$

が成り立つ。

証明終

　もちろん、この定理は逆も成り立ち、頂点の個数が辺の本数よりちょうど1だけ多いグラフはツリーになります。

　これを証明するために、グラフ G の頂点数 a と辺数 b について成り立つ不等式を証明しておきましょう。

> **定理**
>
> 　グラフ G の頂点数 a と辺数 b について、次の不等式が成り立つ。
>
> $$a \leqq b + 1$$

証明

辺の数 b についての帰納法で証明する。

(1)　$b=1$ のとき。

辺数 b が 1 のグラフは次の図のグラフしかなく、

このとき頂点数 a は 2 で不等式は成り立つ。

(2)　$b=n$ まで仮定して、$b=n+1$ のとき。

グラフ G の切断数が 1 以上のときは、G からある 1 本の辺を取り去ったグラフ H はつながったままで、このとき H の頂点数は G と変わらず、辺数は 1 本少なく n だから、帰納法の仮定によって、グラフ H について

$$a \leqq n+1(=b)$$

が成り立つ。

したがって、$a \leqq b < b+1$ となり定理は成り立つ。

グラフ G の切断数が 0 のとき。このときは直前に証明した定理から、$a=b+1$ で定理は成り立つ。

証明終

80 | **第4章 グラフのつながり方 オイラー・ポアンカレの定理**

では、グラフ G の頂点数 a と辺数 b について、$a = b + 1$ のとき、グラフがツリーになることの証明です。

$a = b + 1$ でグラフ G の切断数が 0 でないとします。G から辺を1本取り去った一つながりのグラフを H とすると、H の頂点数は G と変わらず a で、辺数は $b - 1$ です。したがって、上に証明したことから

$$a \leqq (b - 1) + 1$$

すなわち、$b + 1 \leqq b$ となり矛盾です。

結局グラフ G について

G の切断数が 0（G がツリー）$\Leftrightarrow$ G の頂点数 a、辺数 b について、
$$a = b + 1 \text{ が成り立つ}$$

がいえます。

　これは小学校で学んだ植木算の一般化に他なりません。植木算では道に沿って街路樹を植えるのですが、道の両端や交差点には必ず木を植えるとして、木の数は木と木の間の数より1大きい。これが植木算でした。

2　オイラー・ポアンカレの定理

　グラフの切断数はグラフのつながり方の複雑さの度合いを測る目安になりますが、切断数は頂点と辺の数で決まりそうです。具体的なグラフについて、その切断数と、頂点、辺の数を調べてみましょう。

頂点数 $a = 9$　　頂点数 $a = 6$　　頂点数 $= 5$
辺数 $b = 8$　　　辺数 $b = 9$　　　辺数 $= 10$
$P_1(G) = 0$　　　$P_1(G) = 4$　　　$P_1(G) = 6$

グラフの切断数、頂点数、辺数を数える

　これらの数を漠然と眺めていても、何となく分かったような分からないような感じですが、数学では交代和という大切なアイデアがあり、数字をたしたり引いたりしてみると見えてくるものがあることがあります。

　これについては、次の重要な定理が成り立ちます。

82   第4章　グラフのつながり方　オイラー・ポアンカレの定理

定理（オイラー・ポアンカレの定理）

グラフ G の頂点数を a、辺数を b とする。G の切断数を $p_1(G)$ とするとき、

$$a - b = 1 - p_1(G)$$

が成り立つ。

（注）この定理から、グラフ G の切断数 $p_1(G)$ は

$$p_1(G) = 1 - a + b$$

で計算できることが分かります。

では定理の証明を紹介します。

▎**証明**

グラフ G の切断数が $p_1(G)$ だから、グラフ G の $p_1(G)$ 本の辺をうまく選べば、G からこの $p_1(G)$ 本の辺を取り去ったグラフ H はつながったままで、H は切断数が 0 のグラフとなる。グラフ H の頂点数は a、辺数は $b - p_1(G)$ だから、前の定理により、

$$a - (b - p_1(G)) = 1$$

したがって、

$$a - b = 1 - p_1(G)$$

が成り立つ。

証明終

いくつか具体的なグラフについて、オイラー・ポアンカレの定理を当てはめてその切断数を計算してみます。

頂点数 $a = 16$
辺数 $b = 31$
$P_1(G) = 1 - a + b = 1 - 16 + 31 = 16$

グラフの切断数を数える

特に n 次完全グラフ K_n の切断数は

$$p_1(K_n) = \frac{(n-1)(n-2)}{2}$$

となり、これが n 個の頂点を持つグラフの切断数の最大値です。

グラフは1次元の図形ですが、「図形を2つに分けることなしに切ってみる」という考え方は、次元を上げても同様に考察することができ、ホモロジー理論という数学に発展します。そこではさらに高次元のベッチ数というアイデアが生まれ、高次元のオイラー・ポアンカレの定理が証明されます。詳しくは位相幾何学の専門書を参考にしてください。

3 ツリーについて

この章の初めで、切断数が0であるグラフをツリーと呼ぶと紹介しました。ツリーは特別なグラフで、いろいろな場面でツリーと考えられるグラフが登場します。

例 高校野球のトーナメント表

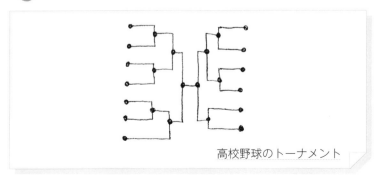

高校野球のトーナメント

3. ツリーについて　85

　この表は一種のツリーです。したがって切断数は0、ということは具体的にいえば、トーナメントでは1試合でも負ければ優勝はできない！ということですね。

　さて、私たちはツリーを切断数が0のグラフと定義しました。そのとき、これは直感的には、このグラフがぐるっと一回りする回路を持っていないことだ、とお話ししました。これをきちんと裏付けるのが次の定理です。

定理

　グラフ G について次の3つは同値である。

1　グラフ G の切断数が0

2　グラフ G は回路を持たない。

3　グラフ G の任意の2つの頂点を結ぶ路がちょうど1本だけある。

　少し考えてみると、この3つの同値性はほとんど明らかですが、一応形式的な証明をしておきましょう。

▶ **証明**

　$1 \Longrightarrow 2$

　グラフ G の切断数を0とする。グラフ G が回路 C を持つとしよう。回路 C の上の辺を取り去っても、G はつながったままである。これは G の切断数が0であることに反する。したがって G は回路を持たない。

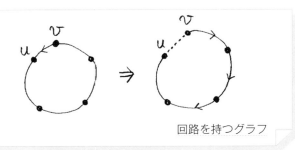

回路を持つグラフ

$2 \Longrightarrow 3$

G のある 2 つの頂点を結ぶ異なる路があったとする。この 2 つの路の頂点がすべて一致することはない。（一致すれば、同じ路になってしまいます。）したがって、この 2 つの路の上には必ず、そこから路が分岐する頂点 v_1 がある。この 2 つの路は同じ終点を持つから、分岐した路が再び合流する頂点 v_2 がある。この 2 頂点 v_1, v_2 は異なる路で結ばれているから回路となり、G が回路を持たないことに反する。

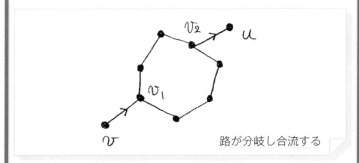

路が分岐し合流する

3. ツリーについて

$3 \Longrightarrow 1$

G の切断数が 0 でないとする。したがってある辺 l をうまく選ぶと、l を取り去ってもグラフはつながったままである。したがって、l の両端を v_1、v_2 とすれば、l を使わずに v_1、v_2 を結ぶ路がある。l 自身も v_1、v_2 を結ぶ路だから v_1、v_2 を結ぶ路が 2 本あることになり矛盾。したがって G の切断数は 0 である。

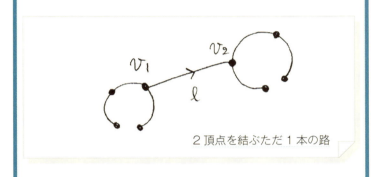

2 頂点を結ぶただ 1 本の路

証明終

ツリーはいろいろな所で活用できる重要な概念ですが、1 つ面白い例を紹介しましょう。この例ではグラフの辺の長さを問題にします。

シュタイナーの問題　平面上に鋭角三角形 $\triangle ABC$ がある。この 3 頂点を結ぶツリーで辺の長さの和が最小になるものは何か。ただし、必要とあれば、A, B, C の他に頂点をとってもよい。

第4章 グラフのつながり方 オイラー・ポアンカレの定理

この問題は、たとえば3軒の家があり、それぞれを電線で結ぼうとするとき、どこかに電柱を立てて3軒を結ぶ方が経済的かどうか、など実用的な意味もあります。

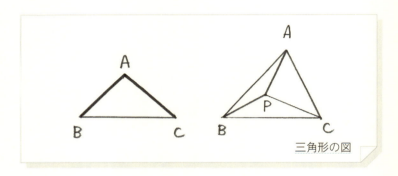

三角形の図

ちょっと考えると、上の図のように、三角形△ABCの最長辺を取り去り、他の2辺で3点を結ぶツリーが一番短いような気がしますが、実はどこかに電柱を立ててそこから3軒を結ぶツリーの方が短くなるのです。

定理（シュタイナー）

鋭角三角形△ABCの各辺を120度で見込む点をPとする。3点を結ぶツリーで辺の長さの和が最小となるのは、Pと各頂点を結ぶツリーである。

点Pを鋭角三角形のシュタイナー点（あるいはフェルマー点）といいます。「点と線の数学」というタイトルの本ですが、ここでは初等幾何学での証明をします。鑑賞してください。

3. ツリーについて

▶ 証明

シュタイナー点と限らず、任意の点を P とする。

(1) 点 P が三角形 $\triangle ABC$ の外側、たとえば $\angle ABC$ の内側で辺 AC の外側にある場合。

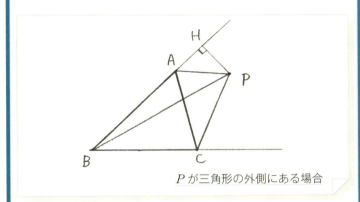

P が三角形の外側にある場合

三角形の 2 辺の和より、

$$PA + PC > AC$$

P は AC の外側にあり、$\triangle ABC$ は鋭角三角形だから、P から辺 AB に下した垂線の足 H は A の延長上にあり、したがって

$$PB > AB$$

よって、

$$PA + PB + PC > AC + AB$$

となり、$PA+PB+PC$ は2辺の和 $AB+AC$ より大きい。

よって、P が三角形の外部にあれば、P と3頂点 A, B, C を結んだグラフの辺の和はいずれかの2辺の和より大きくなる。

次に、P が三角形の内部にあるシュタイナー点の場合に、$PA+PB+PC$ が、三角形の最長辺を除いた2辺の和より小さいことを示す。

(2) 点 P が三角形 △ABC の内側のシュタイナー点の場合。

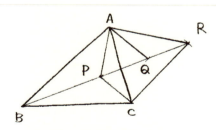

P が三角形の内側のシュタイナー点の場合

P を三角形 △ABC のシュタイナー点とする。

辺 AC の側に正三角形 △APQ をつくり、同様に点 B の反対側に正三角形 △ACR をつくる。

$\angle APB = 120$ 度だから、$\angle BPQ = 180$ 度となり、点 B, P, Q は一直線上にある。

三角形 $\triangle APC$ と三角形 $\triangle AQR$ で

$$AP = AQ, \ AC = AR$$

かつ、

$$\angle PAC = 60 \text{ 度} - \angle CAQ = \angle QAR$$

だから、2 辺夾角の合同定理により

$$\triangle APC \equiv \triangle AQR$$

したがって、

$$\angle AQR = \angle APC = 120 \text{ 度}$$

よって、$\angle PQR = 180$ 度となり、点 P, Q, R は一直線上にある。

すなわち、4 点 B, P, Q, R は一直線上にある。

92 | 第4章 グラフのつながり方 オイラー・ポアンカレの定理

ここで、$\triangle APC \equiv \triangle AQR$ だから、$PC = QR$ より

$$PA + PB + PC = PQ + PB + QR$$
$$= BP + PQ + QR$$
$$= BR$$
$$< AB + AR$$
$$= AB + AC$$

よって、$PA + PB + PC$ の辺の和は2辺の和 $AB + AC$ より短い。

(3) 最後に、三角形 $\triangle ABC$ のシュタイナー点を P、三角形の内部の別の点を Q とするとき、

$$AP + BP + CP < AQ + BQ + CQ$$

となることを証明する。

A を通り AP に垂直な直線 l を引き、同様に B, C を通り、BP, CP に垂直な直線 m, n を引く。

3直線 l, m, n が交わってできる三角形を $\triangle DEF$ とする。

四角形 $ADBP$ は $\angle A = \angle B = \angle R$ なので円に内接する。

したがって、向かい合った角の和は $2\angle R$ となるが、点 P がシュタイナー点だから、

$$\angle APB = 120°$$

である。

したがって、

$$\angle D = 60°$$

となる。

同様に、$\angle E = \angle F = 60°$ となり、$\triangle DEF$ は正三角形である。

ここで、次の定理を使う。

> **定理**
>
> 正三角形の内部の点から、各辺に下ろした垂線の長さの和は一定で、この正三角形の高さに等しい。

したがって、いま点 Q から $\triangle DEF$ の三辺に下ろした垂線の足を L, M, N とすれば、

$$QL + QM + QN = PA + PB + PC = AP + BP + CP$$

となる。

ところが、直角三角形では斜辺が最大辺だから

$$AQ > QL, \quad BQ > QM, \quad CQ > QN$$

である。

したがって、

$$AP + BP + CP = QL + QM + QN < AQ + BQ + CQ$$

である。

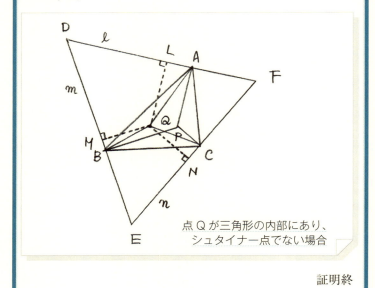

点Qが三角形の内部にあり、シュタイナー点でない場合

証明終

　これで鋭角三角形をつくる3点を結ぶ最短のツリーは、その3点が作る三角形のシュタイナー点Pをかなめとして、Pと各点を結ぶツリーであることが分かりました。

(注) △ABCのどれかの頂角が120度を超えるときは、最長辺を除く2辺が作るツリーが最短になります。

同様なことは点の数を増やして考えることができますが、一般的には未解決です。

4点が正方形をなすときの、4頂点を結ぶ最短ツリーの図を紹介しておきましょう。証明は長くなるので省略します。(「数学100の問題」(H・ステインハウス　紀伊国屋書店)に証明があります。)

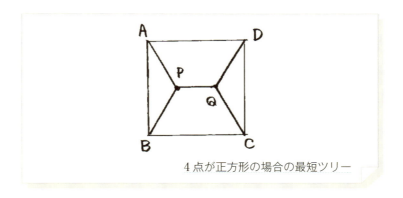

4点が正方形の場合の最短ツリー

なお、正方形の4頂点のほかには1点しか頂点を増やさないとすると、問題はずっと簡単になります。

問題　正方形 $ABCD$ の内部に点 P を取り、$PA+PB+PC+PD$ を最小にせよ。

また、元の問題で正方形の4頂点を結ぶ最短ツリーを探すのは大変ですが、図が与えられてしまえば、それが最短ツリーであることを示すのは容易です。ぜひ証明してみてください。

第5章

平面グラフと4色問題

① 平面グラフ
② 頂点の彩色と4色問題

1 平面グラフ

　最初に紹介したように、グラフは点と線で出来ている1次元の図形です。したがって、立体交差を許せば、どんなグラフでも3次元空間内に描くことができます。たとえば四面体の頂点と辺からなるグラフ、あるいは立方体の頂点と辺からなるグラフを空間内に描けば、次の図のようになります。

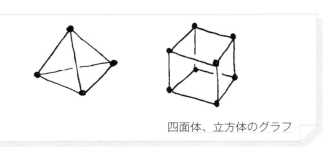

四面体、立方体のグラフ

　しかし、このグラフは描き方を工夫すれば平面上に描くことができます。

四面体、立方体の平面上のグラフ

さらに複雑なグラフでも平面に描くことができる場合があります。

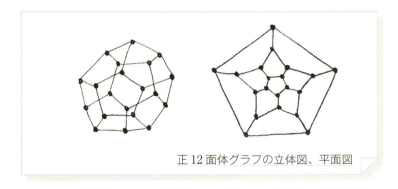

正12面体グラフの立体図、平面図

平面に立体交差なしに描くことができるグラフを平面グラフといいます。平面グラフについて考えていきましょう。

平面グラフを実際に平面に描いてみると、平面はいくつかの領域に分かれます。たとえば、4面体グラフの平面図では、平面は外側の領域（海と呼ぶと分かりやすいと思います。）も含めて4個、立方体グラフの平面図では6個の領域に分かれます。

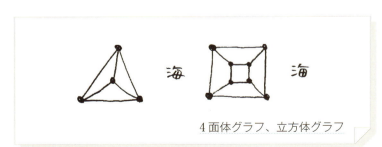

4面体グラフ、立方体グラフ

100 | 第 5 章　平面グラフと 4 色問題

　最初に簡単な例としてツリーを考えます。描いてみればすぐ
わかることですが、どんなツリーでも平面に描くことができそう
です。これはほとんど明らかでしょうが、一応証明をしておきま
しょう。

> **定理**
>
> 　どんなツリーも頂点次数が 1 の頂点を持つ。

> ▌**証明**
>
> 　ツリー T のすべての頂点の次数が 2 以上であるとする。
> 任意の頂点 v から始めて辺を順にたどれる限りたどってい
> く。この辺の列が v にたどり着くなら、T には少なくとも
> v を始終点とする回路があるから、(途中に同一頂点がでて
> くれば、その頂点を始終点とする回路になる) その回路の
> 辺を取り去っても、T はつながったままで、T がツリーで
> あることに反する。
>
> 　v にたどり着けずに頂点 u で終わるとすると、u の頂点
> 次数は奇数で 2 以上だから、この辺の列の途中で頂点 u を
> 通過している。したがって、u を始終点とする回路を持つ
> ことになり、同様に矛盾である。
>
> 　　　　　　　　　　　　　　　　　　　　　　　　　証明終

1. 平面グラフ

ツリーが次数1の頂点を持つ証明

このことから、すべてのツリーは平面グラフであることが証明できます。

定理

ツリーは平面グラフである。

証明

ツリーの辺の本数による帰納法で証明する。

(1) ツリーの辺数が1のとき。

　辺数が1のツリーは線分とその両端の点しかなく、明らかに平面グラフである。

(2) ツリーの辺数が n まで成立すると仮定して、辺数が $n+1$ のとき。

　ツリー T は頂点次数1の頂点を持つから、T からその辺と頂点を取り去る。残ったグラフもツリーだから帰納法の仮定により平面グラフである。このグラフを平面に描き、取り去った枝を（短く刈り込んで！）復元すればよい。

証明終

第5章 平面グラフと4色問題

平面グラフを平面に描くと、平面は外側の無限に広がった領域（海）を含めていくつかの領域（国）に分かれます。このとき、グラフの頂点数、辺数と領域の数には綺麗な関係があります。それを平面グラフのオイラーの定理といいます。領域の周囲は回路ですから、これは実質的には前に証明したオイラー・ポアンカレの定理と同じなのですが、グラフが平面にない場合は「回路が囲む領域」という言葉が意味を持たないことに注意してください。たとえば、次のグラフで辺1, 2, 3, 4は回路ですが、囲む領域はどれかといわれても、辺の立体交差や立体配置があるので領域がはっきりしません。

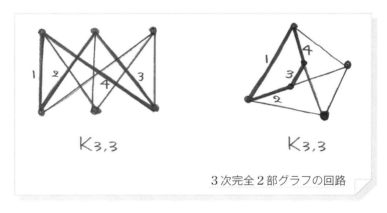

3次完全2部グラフの回路

G を平面グラフとします。その頂点数を a、辺数を b、海を含めた領域数を c とします。ツリーのように、平面に描いたとき全部が海になり領域が1つもなくても構いません。その時は $c=1$ になります。このとき、次の定理が成り立ちます。

1. 平面グラフ | 103

> ### 定理（オイラー）
>
> 平面グラフ G の頂点数、辺数、領域数をそれぞれ、a, b, c とすると、
>
> $$a - b + c = 2$$
>
> が成り立つ。

▶ 証明

グラフ G を平面上に描くと、平面全体は外側の大きな海を含めて、いくつかの国に分かれる。次数 1 の頂点を含む枝が何本かあってもよい。この枝を堤防と呼ぼう。国、堤防に対して、次ページの操作を「グラフを折りたたむ」という。

注 平面上でいくつかの領域を持つグラフを折りたたむ（collapsing）という操作は、グラフだけでなく、もう少し一般的な高次元の複体（多角形や多面体を一般化したもの）という図形に対して定義されます。大切なことは、平面グラフについては、いくつかの領域は必ず海に面しているということで、空間の中にあるグラフでは、海や領域を考えることができないので、次ページの(1)の折りたたみはできず、(2)の堤防の突端の頂点を外し辺を取り去るという折りたたみしかできません。

第5章 平面グラフと4色問題

(1) 海に面した国の海側の辺を取り去って、その国を海と一つながりにする。

(2) 堤防の突端の頂点を外して、堤防の辺を取り去る。

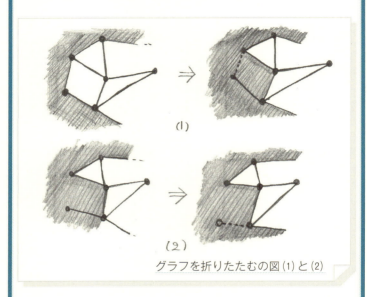

グラフを折りたたむ図(1)と(2)

(1)の折りたたみについては、頂点は変わらず、辺が1つ減り、国が1つ減る、すなわち、a は変化せず、b が $b-1$ に、c が $c-1$ に変わるから、$a-(b-1)+(c-1)=a-b+c$ で値は全体として変化しない。

(2)の折りたたみについては、頂点が1つ減り、辺が1つ減る、すなわち、a は $a-1$ に、b が $b-1$ に変わり、c は変化しないから、$(a-1)-(b-1)+c=a-b+c$ で値は全体として変化しない。

したがって、グラフの折りたたみの操作で、$a-b+c$ の値は全体として変化しない。折りたたみを続けると、平面グラフの領域（国）は 1 つずつ減り、最後は堤防だけ残る。この堤防を突端の次数 1 の頂点から順に折りたたんでいくと、最後にはただ 1 つの頂点が残る。

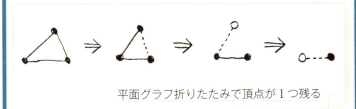

平面グラフ折りたたみで頂点が 1 つ残る

1 頂点については、$a=1$, $b=0$, $c=1$（最後の $c=1$ は海だけが残っているので）だから、

$$a-b+c=1-0+1=2$$

で定理が成り立つ。

証明終

また、この式をオイラーの多面体公式と呼ぶことがあります。
このときは、多面体の頂点の数を a、辺の数を b、面の数を c とします。

定理（オイラーの多面体公式）

穴のない多面体 P の頂点数、辺数、面数をそれぞれ、a, b, c とすると、

$$a - b + c = 2$$

が成り立つ。

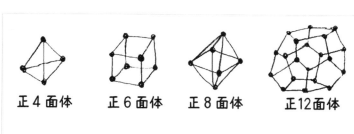

正多面体の頂点、辺、面が作るグラフ

多面体といったときは、普通は中身の詰まった図形を考えるので、これは多面体の骨格といえばいいでしょう。

1. 平面グラフ | 107

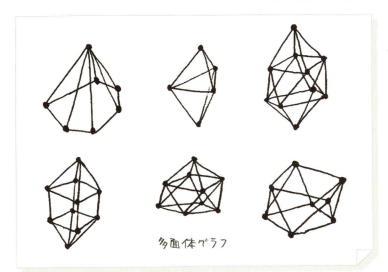

多面体グラフ

　この綺麗な定理は結局平面グラフのオイラーの定理と同じことをいっています。すなわち、多面体の面を1つ外し、そこを広げて、全体を平面になるようにすると、多面体の頂点、辺は1つの平面グラフになり、各面はそれぞれの領域に、また外した面は外側に広げられて海になりますから、オイラーの定理によって、$a-b+c=2$ が成り立ちます。

　この操作は普通の幾何学では許されませんが、トポロジーという幾何学ではこれが可能で、これが、グラフ理論がトポロジーを先祖とするという進化の証でもあります。

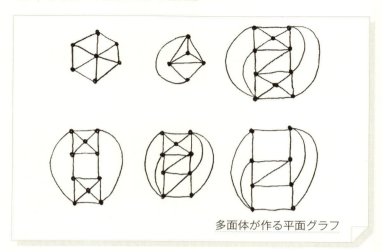

多面体が作る平面グラフ

　これが平面グラフについてのいちばん基本的な定理ですが、この式からいろいろなことが分かります。

定理

　平面グラフ G の頂点数、辺数、領域数をそれぞれ、a, b, c とする。このとき

$$3a - b \geqq 6$$

が成り立つ。ただし、G は少なくとも 3 頂点を持つとする。（$a \geqq 3$ とする。）

証明

Gの各領域は最小でも三角形、すなわち少なくとも3辺を持ち、各辺はたかだか2つの領域の境界になっている。

よって、辺数bの2倍は少なくとも$3c$より大きく、$3c \leqq 2b$である。(堤防は領域の辺に含まれないとみなす)

ゆえに、$\frac{2}{3}b \geqq c$とオイラーの定理$a-b+c=2$から

$$a-b+\frac{2}{3}b \geqq 2$$

分母を払って整理すれば、

$$3a-b \geqq 6$$

を得る。

証明終

この定理は$3a-6 \geqq b$としてみれば、平面グラフの辺数が頂点数に対して一定以上は多くなれないことを示しています。すなわち、頂点数に対して辺数があまり多いグラフは平面グラフになれないのです。なお、Gが国を持たない場合、つまりGがツリーのときは、$a-b=1$を用いれば、$b=a-1$で、$3a-b$に代入して

$$3a-b=3a-(a-1)=2a+1 \geqq 7$$

で $3a-b \geq 6$ となることが分かります。

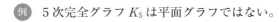

例　5次完全グラフ K_5 は平面グラフではない。

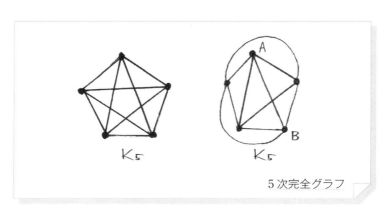

5次完全グラフ

　5次完全グラフは5個の頂点と10本の辺を持ち、$a=5$, $b=10$ ですが、これは $3・5-10=5$ で定理の不等式を満たしません。したがって、5次完全グラフは平面グラフではありません。5つの頂点に対して10本の辺は平面上に描くには多すぎるのです。

　実際に5次完全グラフをできる限り平面上に描いてみると、最後の1本の辺だけは、その辺が結ぶべき頂点 A, B が回路で分断されてしまい、立体交差なしに描くことはできません。この事実はジョルダンの曲線定理という有名な定理で保障されます。

1. 平面グラフ

ジョルダンの曲線定理

平面上の単純閉曲線 C は平面を 2 つの領域に分け、片方は有界、片方は有界でない。

この定理は一見明らかそうに見えて、証明は大変です。ここではジョルダンの曲線定理の証明は省略します。

例 3 次完全 2 部グラフ $K_{3,3}$ は平面グラフではない。

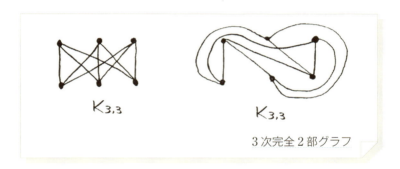

3 次完全 2 部グラフ

図のように、6 個の頂点がそれぞれ 3 個ずつのグループに分かれ、辺はそれぞれ別のグループのすべての頂点と結ばれているグラフが 3 次完全 2 部グラフでした。このグラフは、3 軒の家にそれぞれ電気、ガス、水道を引くとき、立体交差なしに引けるかという問題で表されることがあり、そのため設備グラフと呼ばれることもあります。この配管、配線は立体交差なしにはできない、というのが結果です。

では $K_{3,3}$ が平面グラフでないことを説明します。

112 | 第5章 平面グラフと4色問題

$K_{3,3}$ の頂点は6個、辺は9本ですから、そのまま不等式 $3a-b \geqq 6$ に代入しても、$18-9=9 \geqq 6$ で矛盾は出てきません。しかし、この2部グラフでは回路は少なくとも4辺を持つので（辺は必ず異なるグループの頂点を結ぶので、奇数辺では回路にならない）、平面グラフになるとすれば、領域は最低でも4辺を持つことになり、前の定理の証明で、領域数の4倍は辺数の2倍を超えないので、$4c \leqq 2b$、すなわち、$\dfrac{b}{2} \geqq c$ となります。したがって、この不等式をオイラーの公式 $a-b+c=2$ に代入して整理すれば、前の定理の不等式は、

$$2a-b \geqq 4$$

と精密化され、この式に $a=6$, $b=9$ を代入すれば、$2 \cdot 6-9=3$ となり、不等式を満たしません。したがって、$K_{3,3}$ は平面グラフではありません。

K_5 と $K_{3,3}$ はとても大切な非平面グラフで、次の定理が成り立ちます。

定理（クラトフスキ）

グラフ G が平面グラフである必要十分条件は、G が K_5、$K_{3,3}$ と同じグラフを含まないことである。

注「同じグラフ」の意味は全く同型でなくてもよく、辺の上に次数2の頂点が増えていてもよいということです。

この定理により、5次完全グラフと3次完全2部グラフが、グラフが平面グラフになるかどうかの鍵であることが分かります。この定理の証明はかなり長くなるので、本書では省略します。興味がある方は、例えば「組合せ数学入門」(C.L. リウ　伊理正夫、伊理由美訳　共立出版) などをご覧ください。

さて、前に、グラフの頂点次数の和と辺数について、頂点次数の総和は辺数の2倍になることを紹介しましたが、この定理を平面グラフについて、もう少し精密に考えてみましょう。

平面グラフ G の頂点の数を a，辺の数を b とします。ここで、頂点を頂点次数で分類し、次数1の頂点の個数を a_1 個、次数2の頂点の個数を a_2 個、…、次数 n の頂点の個数を a_n 個としましょう。このとき頂点次数の総和は

$$a_1 + 2a_2 + 3a_3 + 4a_4 + \cdots + na_n$$

となります。

G の辺数が b ですから、

$$a_1 + 2a_2 + 3a_3 + 4a_4 + \cdots + na_n = 2b$$

です。ここで、G の頂点の個数 a が、$a = a_1 + a_2 + a_3 + \cdots + a_n$ であることに注意しておきます。

114　第5章　平面グラフと4色問題

　ところで、上に証明した定理から、平面グラフ G の頂点数 a と辺数 b について

$$3a - b \geqq 6$$

が成り立っています。両辺を2倍して、上の式を代入すると、

$$6(a_1 + a_2 + a_3 + \cdots + a_n) - (a_1 + 2a_2 + 3a_3 + 4a_4 + \cdots + na_n) \geqq 12$$

　この式を整理すると

$$5a_1 + 4a_2 + 3a_3 + 2a_4 + a_5 - a_7 - 2a_8 - 3a_9 - \cdots - (n-6)a_n \geqq 12$$

となります。この式をよく見ると、a_7 から後の係数はすべてマイナスです。したがって全体が 12 以上になるためには

$$5a_1 + 4a_2 + 3a_3 + 2a_4 + a_5 \geqq 12$$

である必要があります。すなわち、a_1, a_2, a_3, a_4, a_5 のうちの少なくとも1つは正数です。

　以上をまとめると次の定理が得られます。

> **定理**
>
> 　平面グラフは少なくとも1つ頂点次数が5以下の頂点を持つ。

次の平面グラフの図で定理が成り立つことを眺めてください。

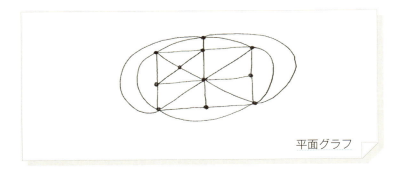

平面グラフ

2　頂点の彩色と4色問題

　平面上の地図について、4色問題という有名な問題があります。
　平面上の地図を塗り分ける。境界を接している国は異なる色で塗るようにしたとき、どのような地図でも多くても4色で塗り分けることができる。
　ただし、ここでは具体的な地図ではなく、抽象化された地図を考えるため、地図は全体として一つながりになっていること、中に島を持つような湖は考えないことにします。ですから、地図には飛び地はなく、全体が一つの大陸になっているとしましょう。

116 | 第5章 平面グラフと4色問題

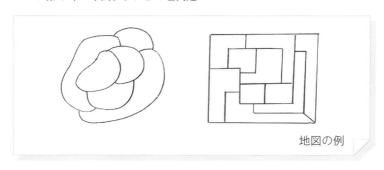

地図の例

たとえば、次のような地図を塗り分けてみます。

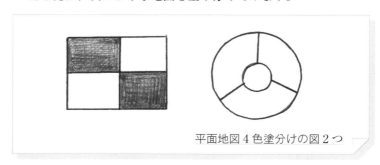

平面地図4色塗分けの図2つ

左の地図は2色で塗り分けることができますが、右の地図を塗り分けるには、どうしても4色が必要です。塗り分けるのに5色必要な地図はないだろう。これが4色問題です。

この問題は十九世紀の半ばには数学の問題として意識されていたようです。ほかの多くの数学の未解決問題と違って、内容が日常用語で説明できるほど分かりやすいことなどから、多くのアマチュア数学愛好家の興味と関心をひいたのではないでしょうか。1879年、イギリスの数学者A・B・ケンペが、平面上のどのような地図でも4色で塗り分けられることの「証明」を発表しました。

2. 頂点の彩色と4色問題　117

この「証明」は大変に見事なもので、これで4色問題は終わった
と思われていたのですが、10年後、ヒーウッドにより、その誤
りが指摘され、そこからこの問題が未解決問題として脚光を浴び
たのです。

　4色問題そのものは、1976年にアメリカの数学者、アッペル
とハーケンによって、コンピュータを駆使することで証明されま
した。これはその当時大変な話題を呼び、一般の新聞にも大きく
報道されました。問題の明快さと、それがコンピュータを使って
証明されたということがジャーナリズムの関心を呼んだのでしょ
う。

　結局、この問題は現在は未解決ではなく、定理となっています。

定理（4色定理）

　平面上の地図はたかだか4色で塗り分けることができる。

以下、この問題をグラフの問題に直して考えていきます。

定義

　平面上の地図に対して、各国の中に1点（首都）をとり、
国境で接している首都同士を辺で結んだグラフ G を元の地
図の双対グラフという。ただし、海も1つの国と見なして、
点を取り、海岸を持つ首都と辺で結ぶ。

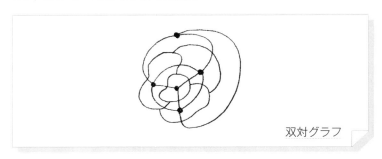

双対グラフ

　こうすると、平面上の地図は、平面グラフ G で表すことができ、地図の塗り分けは、このグラフの頂点に色を塗り、辺で結ばれている頂点には違う色を塗ることに対応しています。これからは、地図の塗り分けを平面グラフの頂点の塗り分けと考えていきます。残念ながら実際に色を塗るのは大変なので、色を数字 $1,2,3,\cdots$ で表すことにして、頂点の塗り分けを、頂点に番号をつけ、辺で結ばれている頂点には違う番号をつけると考えましょう。頂点に番号をつけることを頂点の塗り分けと呼びます。

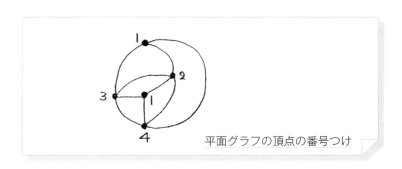

平面グラフの頂点の番号つけ

　したがって、4色定理は次のように言い換えられます。

2. 頂点の彩色と4色問題

> **定理**
>
> 任意の平面グラフは 1, 2, 3, 4 の 4 色で頂点の塗り分けができる。

残念ながら、アペル、ハーケンによるコンピュータを駆使した証明の細部をここで紹介することはできません。これについては、「四色問題 その誕生から解決まで」（一松信 講談社ブルーバックス）に詳しい解説があり、また、別冊日経サイエンス no.172「数学は楽しい Part2」にも、アペル、ハーケン本人による少し詳しい解説があるのでそれを参照してください。

ここでは、もう少し条件を緩めた番号つけを紹介します。

> **定理**
>
> グラフ G の回路がすべて偶数本の辺を持つなら、G の頂点は 1, 2 の 2 色で塗り分けできる。

(注) この定理は G が平面グラフでなくても成立します。

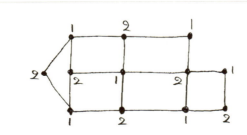

奇回路を持たないグラフの頂点の塗り分け

120 | 第5章 平面グラフと4色問題

▶ 証明

G の任意の頂点 v を1つとり、そこに色1を塗る。v を始点とする路を考え、ある頂点 u が v から偶数本の辺の路を通ってたどり着けるとき、頂点 u に色1を、奇数本の辺の路を通ってたどり着けるとき、頂点 u に色2を塗る。頂点 v と頂点 u を結ぶ2本の路があると、この2本の路が含む辺の本数の奇、偶は一致している。なぜなら、もし片方の路が偶数本の辺、もう一方の路が奇数本の辺を含むと、これらの路を繋いだ回路は奇数本の辺を持つことになり、仮定に反する。したがって、この色塗りは矛盾を起こさず、グラフ G は色1，2で塗り分けられる。

証明終

この定理の直接の結果として、次が得られます。

> 系　任意のツリーの頂点は色1，2で塗り分けられる。

ツリーは回路を持ちませんから、ツリーの回路はすべて0本（偶数！）の辺を持ち定理の条件を満たします。

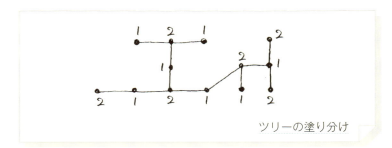

ツリーの塗り分け

前に 2 部グラフを定義しました。ここでの頂点の色塗りを考えると、頂点が 2 色 1, 2 で塗り分けられるグラフを 2 部グラフというといっても同じです。

では最後に、平面グラフについての 5 色定理を証明します。

定理

任意の平面グラフ G の頂点は色 1, 2, 3, 4, 5 で塗り分けられる。

最後の定理は 4 色問題が解決してしまったことで、定理としての意味はありませんが、ケンペの証明のアイデアを紹介するために説明します。

ケンペの証明のアイデアはとても単純で、いわばコロンブスの卵のようなものですが、最初にこのアイデアを発見したケンペの構想力はやはり素晴らしいと思います。残念ながら 4 色定理の証明には失敗したとはいえ、数学の証明とはどんなものなのかを十分に示しています。

▶ 証明

前に証明したことから、すべての平面グラフは頂点次数が5以下の頂点を少なくとも1つは持つ。

証明は頂点の個数による帰納法である。

(1) グラフ G の頂点数が5個以下のとき。

このときは G の頂点が 1, 2, 3, 4, 5 で塗り分けできることは明らかである。

(2) 頂点の個数が n 個までのグラフでは定理が成り立っているとして、G の頂点数が $n+1$ のとき。

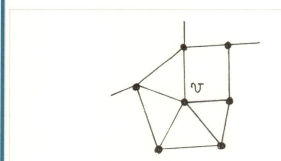

次数5の頂点を持つグラフ

G から頂点次数が5以下の頂点 v とそれにつながっている辺をすべて取り去ったグラフを H とする。

帰納法の仮定により、H の頂点は色 1, 2, 3, 4, 5 で塗り分けられる。

2. 頂点の彩色と4色問題

(2.1) 取り去る頂点 v の次数が 1, 2, 3, 4 のとき

グラフ H に頂点 v をつけ足してグラフ G を復元しよう。このとき、v とつながっている頂点はたかだか 4 個しかないから、そこに 4 色が使われていたとしても、必ず 1 色が余る。余った 1 色を v に塗れば、グラフ G の頂点の 5 色による塗り分けが得られる。

(2.2) 取り去る頂点 v の次数が 5 のとき

同様にグラフ H に頂点 v をつけ足してグラフ G を復元しよう。このとき頂点 v と結ばれている頂点のなかに 4 色以下しか使われていなければ、残った 1 色を頂点 v に塗ればよい。

問題なのは、v と結ばれている 5 つの頂点に 5 色すべてが使われている場合である。

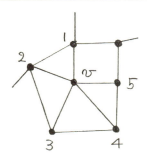

次数 5 の頂点を持つグラフ

いま、色の配置が図のようになっているとして、1で塗られている頂点を始点とする路で、色1の頂点と色3の頂点が交互に出てくる路を考える。これを1-3ケンペチェインと呼ぶ。

1から出る1-3ケンペチェインをたどれるだけたどる。（分岐しているものも含めて）

このとき、この1-3ケンペチェインが頂点3にたどり着かなければ、1-3ケンペチェイン上で色1と色3を入れ替える。この交換は色2, 4, 5には影響を与えない。したがって、頂点1の色は3となり、色1が余る。これをvに塗ればよい。

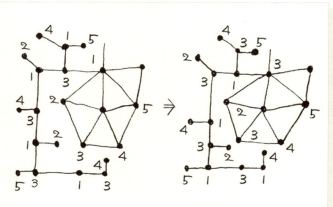

次数5の頂点を持つグラフ

この1−3ケンペチェインが頂点3にたどり着いているとき、このときはチェイン上で色1と色3を入れ替えても、相変わらず頂点vはすべての色1, 2, 3, 4, 5の頂点につながったままである。

　しかし、今度は頂点2を始点とする2−4ケンペチェインを考えると、このチェインは図で分かるように頂点vを含めた1−3ケンペチェインの中に閉じ込められていて、頂点4にたどり着くことはない。

ここでも111ページで述べたジョルダンの曲線定理が使われていることに注意しましょう。すなわち、1−3ケンペチェインが頂点2と頂点4を分けているのです。

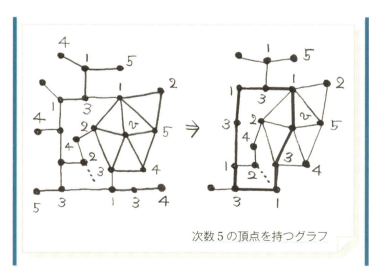

次数5の頂点を持つグラフ

126 | 第5章 平面グラフと4色問題

　したがって、この2−4ケンペチェイン上で色2と色4
を入れ替えると、頂点2の色は4となり、色2が余る。よっ
て、vに色2を塗ればよい。

証明終

　ケンペはこの証明を精密化して、色が1，2，3，4と4色の場
合でも同様に証明できると考えたのですが、残念ながらその証明
には誤りがありました。ハーケンはさらに証明を精密化し、頂点
次数が5の頂点の周りの状況も丹念に調べることにより証明を完
成したのです。ただ、その精密化は人力だけではどうしようもな
い膨大な場合分けが必要となり、アペルも交えて、コンピュータ
の助けを借りることで、その証明を実行したのです。

　この証明には今でもいくらかの賛否があるようです。代表的
な意見は「確かに平面グラフの頂点が4色で塗り分けられると
いう事実は分かった。しかし、これは事実を示した実証であり、
論理的な証明ではなく、どうして4色で塗り分けられるのか、
の理由は相変わらず分からない」というもので、これは証明では
なく事実確認に過ぎないと主張する意見です。この疑問は結局解
消されないままに、数学史の中に位置づけられていくのでしょう
か、それとも新しい天才がアッと驚くような簡潔な証明を発見す
るのでしょうか。

第6章

有向グラフと流れの問題

1 有向グラフ

2 流れの問題

1 有向グラフ

　私たちはここまで、グラフの辺に向きをつけず、辺は2つの頂点を結ぶものとしてだけ考えてきました。ところで、グラフをたとえば現実の道路網のモデルと考えると、道路は一方通行の場合があります。これはグラフで考えると、辺が単に頂点と頂点を結ぶだけでなく、辺に向きを考え、たとえば頂点 v から頂点 u に向かって辺があるが、逆向きには辺がないと考えるということです。これを一般化して有向グラフという新しいグラフを考えます。

● **定義**

　グラフ G の各辺に向きを与え、それを頂点から頂点に向かう矢印で表したグラフを有向グラフという。これに対して、今までのグラフを対比させるときは、今までのグラフを無向グラフということがある。

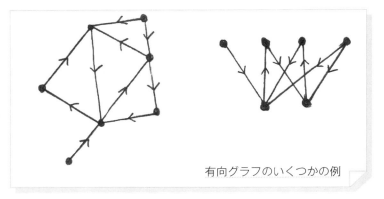

有向グラフのいくつかの例

有向グラフの頂点次数の数え方はいろいろあるようですが、ここでは、その頂点から出ていく矢印の本数を正数で、入ってくる矢印の本数を負数で表し、その合計を有向グラフの符号付き頂点次数と呼びます。

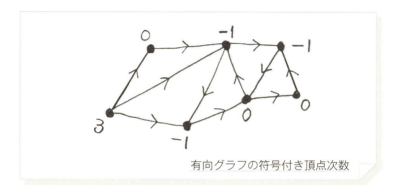

有向グラフの符号付き頂点次数

有向グラフが有向オイラー閉路を持つ
⇔
各頂点の符号付き頂点次数が 0

これはグラフのオイラー閉路の問題と同様で、すべての頂点は入ってくる辺と出ていく辺の本数が同じですから、任意の頂点から始めて、矢印に沿って辺をたどっていけば、それが有向オイラー閉路になります。すべてが偶頂点でも符号付き頂点次数が 0 でないと、有向オイラー閉路は存在しないことに注意しましょう。

全く同様にして、次も成り立ちます。

有向グラフが有向オイラー路を持つ
⟺
符号付頂点次数が 1 と −1 の頂点を 1 つずつ持ち、それ以外の頂点の符号付き頂点次数が 0

この場合は次数 1 の頂点から出発し、次数 −1 の頂点で終わる有向オイラー路が存在します。

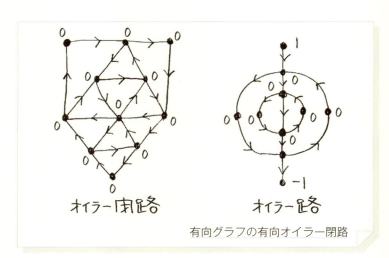

有向グラフの有向オイラー閉路

前にハミルトン路、ハミルトン回路のお話しをしたとき、完全グラフがハミルトン回路を持つことを注意しておきました。これは完全グラフがすべての頂点を辺で結んでいることから明らかです。では有向完全グラフの場合はどうでしょうか。今度は辺が一方通行になっているので、辺のどのような向き付けについても、

すべての頂点を矢印の方向に矛盾することなくツアー旅行できるかどうかはあまり明らかなことではありません。

有向完全グラフの有向ハミルトン路

次の定理が成り立ちます。

定理

有向完全グラフは有向ハミルトン路を持つ。

▶ 証明

完全グラフ K_n の次数 n についての帰納法で証明する。

(1) $n=2$ の場合

完全グラフ K_2 は矢印のついた線分だから定理が成立することは明らかである。($n=2$ では明らか過ぎるかもしれません。念のため K_3 についても示しておきます。)

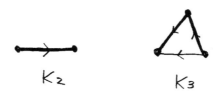

K_2, K_3 のハミルトン路

(2) K_{n-1} まで成立すると仮定して、K_n のとき。

K_n を有向 n 次完全グラフとする。K_n の任意の頂点を v とし、K_n から頂点 v および、v からでているすべての辺を取り去る。残ったグラフは有向完全 $n-1$ 次グラフ K_{n-1} である。

帰納法の仮定からこの K_{n-1} は有向ハミルトン路 H を持つ。H を向きも含めて頂点を並べて、

$$H = (u_1 - u_2 - u_3 - \cdots - u_{n-1})$$

と表す。

頂点 v は頂点 u_1 と有向辺で結ばれているが、この向きが $(v \to u_1)$ なら、K_n の有向ハミルトン路として H の先頭に v をつけた

$$(v - u_1 - u_2 - u_3 - \cdots - u_{n-1})$$

が得られる。

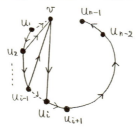

K_n の有向ハミルトン路

v と u_1 を結ぶ有向辺の向きが $(u_1 \to v)$ のとき、v と頂点 $u_2, u_3, \cdots$ を結ぶ辺の向きを順に調べていく。ある番号 i について、v と頂点 $u_2, u_3, \cdots, u_{i-1}$ を結ぶ有向辺の向きが $(u_k \to v)(k=2,3,\cdots,i-1)$ で v と u_i の有向辺の向きが $(v \to u_i)$ となるものがある。($i=n$ のときは H の最後に有向辺 $(u_{n-1} \to v)$ をつければよい。)

このとき、有向ハミルトン路 H から辺 $(u_{i-1} \to u_i)$ を取り去り、代わりに辺 $(u_{i-1} \to v \to u_i)$ をつければ、求める K_n の有向ハミルトン路

$$(u_1 \to u_2 \to \cdots \to u_{i-1} \to v \to u_i \to u_{i+1} \to u_{n-1})$$

を得る。

証明終

たとえば、6次完全グラフを描き、それぞれの辺に適当に向きをつけて、すべての頂点を巡る有向ハミルトン路を見つけてみてください。結構難しいと思います。

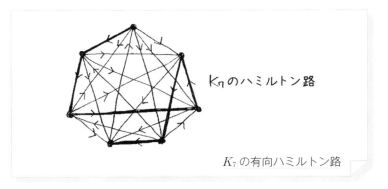

K_7 の有向ハミルトン路

2 流れの問題

グラフを水道管の網と考えて、その中を矛盾なく水を流すことができるだろうか。「矛盾なく」の意味は水があふれてしまう頂点や水が流れない水道管などはなく、全体がスムースに水が流れるということです。すべての頂点が偶頂点であるグラフは、それぞれの辺を太さ1の水道管と考えると、全体に水の流れをつくることができます。これは言葉を変えた有向オイラー閉路の問題に他なりません。また、次数1の奇頂点を持つグラフでは、その頂点では水が流れ出るだけになってしまいますから、全体の

水の流れをつくれないことは明らかでしょう。水の流れを辺の向きと考えると、この問題は、与えられたグラフの辺に向きをつけ、全体が1つの流れになるようにできるだろうか、という問題になります。

流れ図の例

奇頂点を持つグラフは、有向オイラー閉路を持たないので、そのままでは流れがつくれません。そこで、問題を少し緩めて、水道管の太さに違いをつける、つまり、多くの量の水が流せる太い水道管を用意したらどうなるだろうか、という問題を考えてみます。

ここでは水道管の太さを矢印の数で表すことにし、太さ1なら1本の矢印で、太さ2なら2本の矢印で、などとして向きと大きさを表します。これを重み付き有向グラフと呼ぶことにします。

つまり、重み付き有向グラフとは単に辺に向きをつけるだけではなく、その辺の「太さ」を変えるということで、重さが2なら、その辺は2本、重さが3なら、その辺は3本の多重辺になっていると考えればいいわけです。

いくつか例を示しましょう。

重み付有向グラフの流れ図の例

　太さ n の水道管まで用意すると全体でスムースな流れがつくれるとき、その重み付き有向グラフをここでは n 安定グラフと呼ぶことにしましょう。きちんとした定義を与えておきます。

● **定義**

　グラフ G に対して、G の各辺に向きと重さを与えて、各頂点の符号付き頂点次数が 0 とできるとき、G は安定グラフといい、重さの最大値が n のとき、n 安定グラフという。

　一方通行で戻ることができない路があれば、全体をスムースに流れる流れができないことは明らかです。

● **定義**

　グラフ G について、ある辺を取り去ると、G が連結でなくなってしまう時、その辺を橋（ブリッジ）という。

グラフのブリッジ

次数 1 の頂点を結ぶ辺が橋なのは明らかですが、次数 1 と限らず、橋を持つグラフは n 安定なグラフにはなりません。橋という用語を使えば、木はすべての辺が橋になっているグラフだ、ということもできます。

いくつか具体的な安定グラフの例を紹介します。

1　オイラー閉路を持つグラフ

すべての頂点次数が偶数のグラフは 1 安定です。これは一筆書きの順路に従って、すべて太さ 1 の水道管で水を流せばいいわけです。これは前に述べたように、有向グラフの一筆書き問題に他なりません。

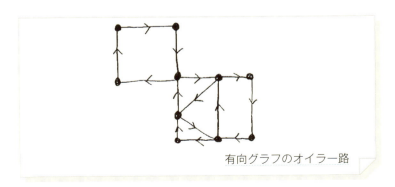

有向グラフのオイラー路

2 奇頂点を持つ2安定グラフ

次の図のグラフは一筆書きはできませんが、2安定です。すなわち、太さ2までの水道管を用意すると、全体でスムースな水の流れをつくることができます。安定な流れのつくり方は一通りではなく、太さ4までの水道管を使えば、別の流れもつくることができます。

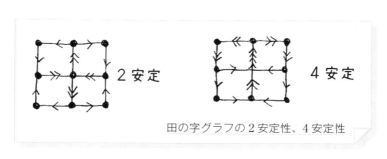

田の字グラフの2安定性、4安定性

3 奇頂点を持つ3安定グラフ

4次完全グラフ K_4 も一筆書きはできませんが、図のように太さ3までの水道管を用意すると、全体でスムースな水の流れをつくることができます。

つまり、この太さの管を持つグラフを作り、どこか1か所の辺にポンプを設置します。この管の中に液体を満たしてポンプを動かすと、液体は溢れもせず、淀みもせず、どの管の中もスムースに流れるということで、例えば冷却装置などにも応用できるかもしれません。

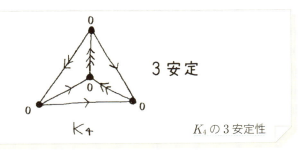

K_4 の3安定性

完全2部グラフと完全グラフについては次が成り立ちます。

定理

完全2部グラフ $K_{m,n}$ について、
(1) m, n がともに偶数なら、$K_{m,n}$ は1安定
(2) m, n の少なくとも一方が奇数なら、$K_{m,n}$ は2安定
   ただし、$m, n \geqq 2$ とする。

証明のために次の補助定理を用意します。

補助定理

グラフ G が辺を共有しないいくつかの安定グラフの和集合なら、G は安定グラフである。

▶ 補助定理の証明

それぞれの安定グラフでは、頂点の重み付き次数の和は0である。2つのグラフは辺を共有してないので、それらを重ね合わせて和をとっても頂点の重みは変化せず、全体と

して安定である。

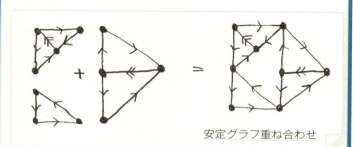

安定グラフ重ね合わせ

補助定理の証明終

▶ 定理の証明

(1) m, n がともに偶数なら、$K_{m,n}$ の頂点次数はすべて偶数で、$K_{m,n}$ はオイラー閉路を持つ。したがって前の例により、G は1安定である。

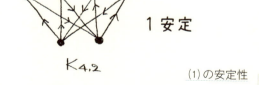

(1)の安定性

(2) まず、$m = 3$ の場合を証明する。

(2.1) n が偶数のとき。

3個の頂点を x, y, z とし、偶数個の頂点を $v_1, v_2,$

$\cdots, v_{2k-1}, v_{2k}$ とする。

x を頂点とする辺には重さ2を、y, z を頂点とする辺には重さ1を与え、次の図のように向きを与えればよい。$K_{3, 2k}$ は2安定グラフになる。

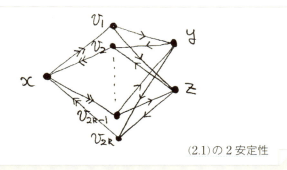

(2.1)の2安定性

(2.2) n が奇数のとき。

n 個の頂点を v_1, v_2, v_3 と $v_4, v_5, \cdots, v_n$ の3個と $n-3$ 個に分け、$K_{m, n}$ を辺を共有しない2つの2部グラフ $K_{3, 3}$ と $K_{3, n-3}$ に分解する。$n-3$ は偶数であることに注意しよう。したがって、(2.1) より $K_{3, n-3}$ は2安定である。

一方、$K_{3, 3}$ は次の図のような重さと向きを与えると2安定グラフになる。

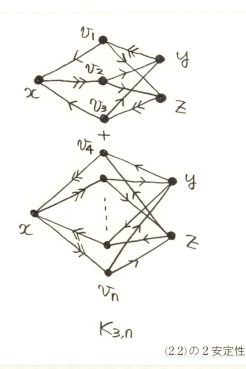

(2.2)の2安定性

　これらのグラフは辺を共有しないから、補助定理によって、元のグラフ $K_{3,n}$ は2安定グラフである。

(2.3) m **が奇数で** $m \geqq 5$ **のとき。**

　m 個の頂点を3個の頂点 x, y, z とそれ以外の頂点 $v_4, v_5, v_6, v_7, \cdots, v_{m-1}, v_m$ に分ける。ここで、$k_{3,n}$ は (2.1) (2.2) により2安定である。一方残り

の $K_{m-3, n}$ は v_4 から v_m までが偶数個だから、$m = 2k+3$ とすれば、これらの頂点を2つずつペアにして $v_4, v'_4, v_5, v'_5, \cdots, v_k, v'_k$ とできる。

このとき、n が偶数なら、$K_{m-3, n}$ はすべての頂点次数が偶数なのでオイラー閉路を持ち、これに向きをつければ、重さ1の有向オイラー閉路になる。

一方、n が奇数のときは、n 個の頂点を3個と $n-3$ 個に分ければ、$K_{m-3, n}$ は $K_{m-3, 3}$ と $K_{m-3, n-3}$ に分解し、$K_{m-3, 3}$ は (2.1) により2安定、$K_{m-3, n-3}$ はオイラー閉路を持つから1安定となり、これらを重ねれば、$K_{m-3, n}$ は2安定となる。

すなわち、$K_{m-3, n}$ は次の図のように2安定になる。

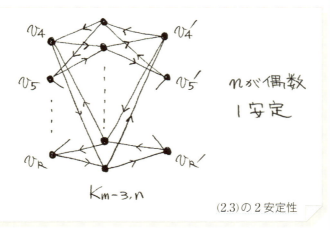

(2.3) の2安定性

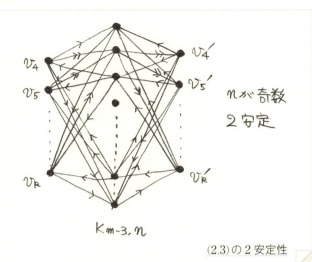

(2.3)の2安定性

$K_{3,n}$ と $K_{m-3,n}$ は辺を共有しないから、補助定理により、元のグラフ $K_{m,n}$ は2安定である。

証明終

定理

完全グラフ K_n について、

(1) n が奇数なら K_n は1安定

(2) n が偶数かつ $n \neq 2, 4$ なら K_n は2安定

(3) K_4 は3安定

(注) 2次完全グラフ K_2 は線分なので安定グラフにならない。

▶ 証明

(1) 奇数次の完全グラフ K_n はオイラー閉路を持つから、1 安定である。

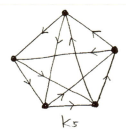

奇数次元完全グラフの 1 安定性

(2) $n = 2k$ を $n \geq 6$ の偶数とし、その頂点を $v_1, v_2, v_3, \cdots,$ v_{2k-1}, v_{2k} とする。

　K_n を回路 $v_1, v_2, v_3, \cdots, v_{2k-1}, v_{2k}$ と辺 $v_1v_4, v_3v_6, v_5v_8,$ $\cdots, v_{2k-3}v_{2k}, v_{2k-1}v_2$ からなるグラフ G_1 と残りの辺からなるグラフ G_2 (連結でなくてよい) に分解する。

　G_2 は頂点次数がすべて偶数のグラフの和だから、それぞれのグラフがオイラー閉路を持ち、したがって全体として G_2 は 1 安定である。

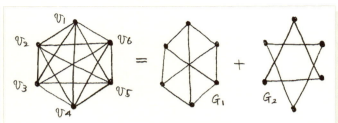

偶数次完全グラフの分解

G_1 の各頂点の頂点次数は3で、$v_1, v_3, v_5, \cdots, v_{2k-1}$ と $v_2, v_4, v_6, \cdots, v_{2k}$ の2組の頂点を2つの組とする2部グラフである。この2部グラフは次の図のように2安定グラフとなる。

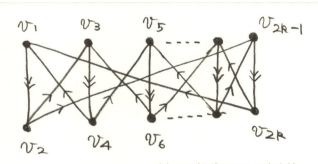

(2)の2部グラフの2安定性

したがって、K_n は2つの安定グラフの和となり、自身2安定である。

(3) K_4 が 3 安定となることは次の図の通りである。

K_4 の 3 安定性

K_4 が 2 安定にならないことは次のようにして分かる。

頂点次数 3 の頂点について、その 2 安定な流れは次の(1)，(2)の 2 つしかない。

次数 3 の頂点の安定な流れ

この 2 つの流れは、(1)どうし、あるいは(2)どうしが隣り合うことはできないから、K_4 の隣り合う 4 個の頂点すべてで 2 安定な流れをつくることはできない。

証明終

148 　第 6 章　有向グラフと流れの問題

　一般に橋を持たないグラフは十分大きな n について n 安定となることが証明できます。

定理

　橋を持たないグラフは、十分大きな n について n 安定となる。すなわち、十分に太い水道管を用意すれば全体でスムースな流れができるように向きをつけることができる。

証明のために 1 つ補助定理を用意します。

補助定理

　橋を持たないグラフはいくつかの回路の集合で表される。それぞれの回路は辺を共有していてよい。

▶ 証明

　G が回路に含まれない辺 l を持つとする。したがって、その辺を取り除くと、G は 2 つのグラフに分かれ、l は G の橋となり、仮定に反する。

　　　　　　　　　　　　　　　　　　　　　　　証明終

例をあげておきましょう。

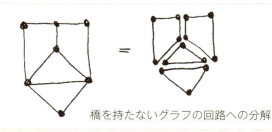
橋を持たないグラフの回路への分解

▶ 定理の証明

グラフ G が橋を持たないとする。補助定理によって、G は k 個の回路 $C_1, C_2, C_3, \cdots, C_k$ に分けられる。それぞれの回路の辺を一回り（方向は任意）する向きをつけ、C_1 から順に重さ $1, 2, 4, \cdots, 2^k$ を与える。この辺の重さを重ね合わせたものを G の重さとする。（向きが逆のときは重さの差を取るものとする。）

この重さが G の安定性を与えることを証明しよう。

(1) すべての頂点で重さの和は 0 である。

これは各回路で頂点の重さの和が 0 だから明らかである。

(2) 辺の重さが 0 になることはない。（すなわち、辺の流れがなくなることはない。）

回路に共有されていない辺には 2^i の重さが与えられていて、重さが 0 となることはない。

回路に共有されている辺 l を考えよう。

150 | 第6章 有向グラフと流れの問題

l を共有する回路を C_{i_1}, C_{i_2}, C_{i_3}, $\cdots$, C_{i_j} とすると、重ね合わせによって辺 l の重さは向き（符号）も含めて $\pm 2^{i_1} \pm 2^{i_2} \pm 2^{i_3} \pm \cdots \pm 2^{i_j}$ となるから、l の重さが 0 となるのは $\pm 2^{i_1} \pm 2^{i_2} \pm 2^{i_3} \pm \cdots \pm 2^{i_j} = 0$ のときである。

これを正、負で分けると $2^p + 2^q + 2^r + \cdots = 2^s + 2^t + 2^u + \cdots$ という式を得るが、p, q, r, $\cdots$, s, t, u, $\cdots$ はすべて異なる数だから、これは正整数の2進展開の一意性に反する。（すべての正整数は2の累乗の数の和として一通りに表せる。）

したがってこの重み付けで辺の重さが 0 になることはなく、各辺の重さの和は G の n 安定性を与える。ただし、n は最大で $1 + 2 + 4 + \cdots + 2^k = 2^{k+1} - 1$ となる場合がある。

証明終

この定理では用意する水道管の太さは $2^{k+1} - 1$ が必要ですが、今までのグラフは最大3安定です。たとえば K_4 をこの定理の方法で、ある重さを与えると、次のように6安定になります。

2. 流れの問題

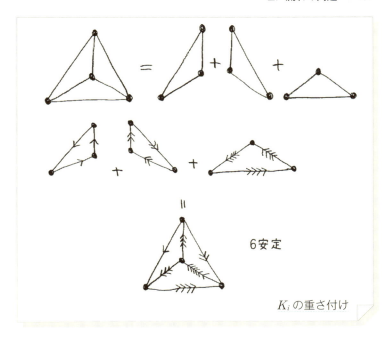

K_i の重さ付け

しかし、実際は K_4 が 3 安定なことは前に調べました。

終わりに

　本書ではグラフの定義から始まって、有名なグラフの問題をいくつか取り上げその直感的な証明を見てきました。グラフ理論はオイラーの一筆書き定理から始まる数学理論で、しばらく前までは1次元トポロジーの一分野として研究されてきました。

　20世紀に入り、組み合わせの問題などが数学の研究対象となるにつれ、グラフ理論はトポロジーの分野から独立し、独自の数学として発展してきました。この分野はなんといっても図を描いて様々な性質を目で見ることができるのが大きな魅力です。本書でも、いくつかの図を描いて、証明を図に委ねた部分があります。

　本書がグラフ理論の面白さを紹介することができたとすれば、こんなに嬉しいことはありません。

参考文献

本書を書くにあたって参考にした本を紹介しておきます。ただ、私が学んだ本を中心にしているので、最近の本は入っていません。ご了承ください。

> 1　『グラフ理論』　野口広・釜江慶子
>
> 　　筑摩書房数理科学シリーズ　6

本書が現在でも入手可能かどうかわかりませんが、私がグラフ理論を最初に勉強した本です。今ではちょっと考えにくいのですが、本書は箱に入った数学書です。グラフの基礎的な概念の説明から始まり、一筆書きの問題、平面性の問題、4色問題などを分かりやすく解説しています。今回は触れませんでしたが、グラフを行列を用いて表す方法、輸送網などにも触れている良書です。

> 2　『グラフ理論入門』　N・ハーツフィールド /G・リンゲル
>
> 　　鈴木晋一訳　サイエンス社　数理科学ライブラリー　2

1と同じく、グラフ理論の基礎から始まり、平面グラフの少し深い考察や一般の曲面上でのグラフなどトポロジーに関係した話題にも触れています。しかし、本書の最大の特徴はその演習問題の豊富さにあります。各章末にたくさんの演習問題がついていて、

それを解くことでグラフ理論の理解が深まるだけでなく、技法に習熟することもできると思います。本書を学生のゼミのテキストとして何度も使用しましたが、とても有意義でした。解答がついていないので、学生の解答を巡って様々な議論ができたこともよかったと思います。本書のハベル・ハキミの定理の証明はこの本に依っています。

> 3 『グラフ理論入門－点と線の数学』　本間龍雄
> 　　講談社ブルーバックス

　縦書きの解説書で、グラフ理論全体を概観することができます。グラフ理論を用いた、パズル的な問題も多く扱われていて、応用として楽しめると思います。なお、本書の初版は1975年で、出版当時は4色問題はまだ未解決でした。本書でも「平面の地図をぬり分けるには、少なくとも四色必要とし、多くとも五色で十分であることが判明した。必要かつ十分な色は四つなのか、五つなのか、そこが最大の謎である」となっており、時代を感じさせます。

> 4 『グラフ理論3段階』　根上生也　遊星社
> 　　アウト・オブ・コース　2

　著者はグラフ理論研究の第一人者で、他にも「幾何学的グラフ理論」朝倉書店（前原濶との共著）や「位相幾何学的グラフ理

論入門」横浜図書　などグラフ理論に関係した著書があります。本書は著者の個性が強くにじみ出た数学書で、普通のグラフ理論ではあまり扱われない話題がたくさん出てきます。入門書というより、一通りグラフ理論の基礎を学んだあとで読むといいでしょう。

5　『グラフ理論』　O・オア　野口広訳
　　河出書房　SMSG 数学双書　5

　1960 年代から 1970 年代にかけて、数学教育の改革運動が盛んにおこなわれました。その時、アメリカで SMSG（School Mathematics Study Group）という団体が数学教育の現代化を目指して活動しました。その時作られた意欲的な教科書が SMSG 数学双書です。本書はその中の一冊で、著者はグラフ理論の世界的指導者です。本書もグラフとは、から始まり平面グラフ、4 色問題までを分かりやすく解説していますが、本書は 36 国以下の地図は 4 色で塗り分けられることに触れながら、「この限界をもっと高くなしうるようにコンピュータのプログラム方法を考えることができるかもしれない」と書いています。実際は限界を高くする以上に、コンピュータを使ってどんな地図でも 4 色で塗れることが 1976 年に証明されたのでした。

6　『組合せ数学入門』　C.L. リウ　伊理正夫・伊理由美訳
　　共立出版

本書はグラフ理論ではなく、組合せ数学の解説書ですが、そのかなりの部分をグラフ理論の解説に割いており、平面グラフについてのクラトフスキの定理の証明も載っています。また、4色問題解決以前の本なので、グラフが4色で塗れるための十分条件についてもいろいろな解説があります。

7 『四色問題　その誕生から解決まで』　一松信
　　講談社ブルーバックス

4色問題について、その発生から解決までの歴史を物語風に綴った解説書です。ケンペによる見事な「証明」のどこに誤りがあったのかも詳しく解説されています。なお、アペルとハーケンによる証明については「数学は楽しい　Part 2」(別冊日経サイエンス 172) にもアペル、ハーケン自身による詳しい解説記事があります。

索引

英字・数字

$\deg v$	13
G	8
$G \cong H$	16
H	8
K_3	24
K_4	24
$K_{m,n}$	13
K_n	12
$p_1(G) = a$	74

あ行

安定グラフ	136
1次元ベッチ数	75
n 安定グラフ	136
n 筆書き可能	61
オイラー	50
オイラー・ポアンカレの定理	76, 82
オイラーの多面体公式	105
オイラー閉路	53
オイラー路	53

か行

回路	14
完全グラフ	12
n次—	24
3次—	24
4次—	24
完全2部グラフ	13
奇頂点	13
偶頂点	13
グラフ	8
グラフを折りたたむ	103
ケーニヒスベルクの橋渡りの問題	50
5色定理	121
孤立頂点	8

さ行

次数	13
次数列	26
始点	14
終点	14
シュタイナー点	88
シュタイナーの問題	87
切断数	74
設備グラフ	111
双対グラフ	117

た行

多重辺	………………………	8
単純グラフ	………………………	11
端点	………………………	14
頂点	………………………	8
頂点次数列	………………………	26
頂点の塗り分け	………………………	118
つながっている	………………………	13
ツリー	………………………	74
同型である	………………………	16
隣り合っている	………………………	13

な行

2部グラフ	………………………	13

は行

橋（ブリッジ）	………………………	136
ハミルトン回路	………………………	65
ハミルトン路	………………………	65
一筆書き	………………………	52
標準形	………………………	27
フェルマー点	………………………	88
符号付き頂点次数	………………………	129
平面グラフ	………………………	99
平面グラフのオイラーの定理	………	102
閉路	………………………	14
ベッチ数	………………………	84

辺	………………………	8
ホモロジー理論	………………………	84

ま行

路（みち）	………………………	14
無向グラフ	………………………	128

や行

有向グラフ	………………………	128
4色定理	………………………	117
4色問題	………………………	115

ら行

ループ	………………………	8
連結である	………………………	14

著者プロフィール

瀬山 士郎（せやま しろう）

　1946 年 1 月　群馬県に生まれる。幼少時を群馬県高崎市で過ごす。自然に恵まれた環境で、大いに遊んだ。父の勤めの関係で中学半ばで東京に転居、高校は都立立川高校に通う。この頃、パズルを通して数学に親しむ。

1964 年　　　東京教育大学理学部数学科に入学。

1970 年 3 月　東京教育大学大学院理学研究科修士課程修了。東京教育大学は筑波大学の新設に伴って閉校となった。

1970 年 4 月　群馬大学教養部に就職。教養部の廃止に伴い、教育学部に配置換えとなる。

2011 年 3 月　群馬大学教育学部を定年退職。

退職後、あるきっかけで矯正教育に関わることとなり、いくつかの少年院で数学の講話、授業などを行う。

　著書『トポロジー　柔らかい幾何学』　　日本評論社

　　　『はじめての現代数学』　　　　　　ハヤカワ文庫

　　　『ぐにゃぐにゃ世界の冒険』　　　　福音館書店

　　　『無限と連続の数学』　　　　　　　東京図書

　　　『幾何物語』　　　　　　　　　　　ちくま学芸文庫

　　　『読む数学』　　　　　　　　　　　角川ソフィア文庫

　　　『数学　想像力の科学』　　　　　　岩波書店

　　　『コンパスと定規の幾何学』　　　　共立出版

　　　『頭にしみこむ微分積分』　　　　　技術評論社

など多数。

数学への招待シリーズ

点と線の数学
～グラフ理論と4色問題～

2019年5月31日　初版　第1刷発行

著　者　瀬山 士郎
発行者　片岡 巌
発行所　株式会社技術評論社
　　　　東京都新宿区市谷左内町21-13
　　　　電話　03-3513-6150　販売促進部
　　　　　　　03-3267-2270　書籍編集部

印刷・製本　昭和情報プロセス株式会社

装　丁　中村 友和（ROVARIS）
本文デザイン，DTP　株式会社キーステージ２１

本書の一部，または全部を著作権法の定める範囲を超え，無断で
複写，複製，転載，テープ化，ファイルに落とすことを禁じます。
©2019 瀬山 士郎

造本には細心の注意を払っておりますが，万が一，乱丁（ページの
乱れ）や落丁（ページの抜け）がございましたら，小社販売促進部
までお送りください。送料小社負担にてお取り替えいたします。

定価はカバーに表示してあります。
ISBN978-4-297-10510-5　C3041
Printed in Japan

本書に関する最新情報は，技術評論社
ホームページ（https://gihyo.jp/）
をご覧ください。

本書へのご意見，ご感想は，以下の宛
先へ書面にてお受けしております。
電話でのお問い合わせにはお答えいた
しかねますので，あらかじめご了承く
ださい。

〒162-0846
東京都新宿区市谷左内町21-13
株式会社技術評論社　書籍編集部
『点と線の数学』係
FAX：03-3267-2271